商业新闻出版公司和轻松读文化事业有限公司提供内容支持

成功维度

轻松读大师项目部　编

中国盲文出版社

图书在版编目（CIP）数据

成功维度：大字版／轻松读大师项目部编. —北京：中国盲文出版社，2017.3
ISBN 978－7－5002－7807－8

Ⅰ.①成…　Ⅱ.①轻…　Ⅲ.①成功心理—通俗读物
Ⅳ.①B848.4－49

中国版本图书馆CIP数据核字（2017）第062461号

本书由轻松读文化事业有限公司授权出版

成功维度

编　　者：轻松读大师项目部
出版发行：中国盲文出版社
社　　址：北京市西城区太平街甲6号
邮政编码：100050
印　　刷：北京汇林印务有限公司
经　　销：新华书店
开　　本：787×1092　1/16
字　　数：85千字
印　　张：11.75
版　　次：2017年3月第1版　2017年4月第1次印刷
书　　号：ISBN 978－7－5002－7807－8/B·333
定　　价：40.00元
销售服务热线：（010）83190297　83190289　83190292

出版前言

数字文明为我们求知问道、拓展格局带来空前便利，同时也使我们深受信息过剩、知识爆炸的困扰。面对海量信息，闭目塞听、望洋兴叹固非良策，不分主次、照单全收更无可能。时代快速变化，竞争不断升级，要想克服本领恐慌，防止无知而盲、少知而迷，需尽可能将主流社会的最新智力成果内化于心、外化于行，如此才能更好地顺应时代，提高成功概率。为使读者精准快速地把握分散在万千书卷中的新理念、新策略、新创意、新方法，我们组织编写了这套《好书精读丛书》。

这套书旨在帮助读者提高阅读质量和效率。我们依托海内外相关知识服务机构十多年的持续积累，博观约取，从经济管理、创业创新、投资理财、营销创意、人际沟通、名企分析等方面选取数百种与时俱进又经世致用的好书分类整合，凝练出版。它们或传播现代经管新知，或讲授实用营销技巧，或聚焦创新创业，或分析成功者要素组合，真知云集，灼见荟萃。期待这些凝聚着当代经济社会管理创新创意亮点的好书，能为提升您的学识见解和能力建设提供优质有效便捷的阅读资源。

聚焦对最新知识的深度加工和闪光点提炼是这套书的突出特点。每本书集中解读4种主题相关的代表性好书，以“要点整理”“5分钟摘要”“主题看板”“关键词解读”“轻松读大师”等栏目精炼呈现各书核心观点，崇真尚实，化繁为简，您可利用各种碎片化时间在赏心悦目中取其精髓。常读常新，明辨笃行，您一定会悟得更深更透，做得更好更快。

好书不厌百回读，熟读深思子自知。作为精准知识服务的一次尝试，我们期待能帮您开启高效率的阅读。让我们一起成长和超越！

目 录

思考力是能够改进思考效率的一门科学和艺术。思考力强的人擅长三大思考领域：判断领域、洞察领域和自觉领域。只要改进每一领域的思考习惯，就能在做决策、解决问题和发挥创意时有更杰出的表现。

有梦最美。梦想能够启发、激励你去成就大事。要让梦想成真，就必须让梦想从虚无缥缈的世界进入现实。要做到这点，可以通过10层检视。探究自己的梦想，好好回答这10个问题，那么实现梦想将不是难事。

80/20 成功法则是指 80%的成果来自 20%的努力。想实现 20%的高效率，需要运用九大基本法则：培养最具创意的 20%才能，开发自己最棒的新点子；把重心放在关键利润来源上，善用时间；知人善任；充分运用各种资源；和其他企业合作；看紧自己的资金；累积成功。

如何衡量你的人生？你必须回答3个问题：你的职业生涯是成功的？你在自己建立的个人关系中找到了幸福？你活出了正直的人生？事实上，你将花上一辈子面对这些重要且棘手的问题，找到衡量人生的真正指标。找到后，严格地遵守，你自然就可以获得身心的安顿。

思考力

Power Thinking

How the Way You Think Can
Change the Way You Lead

原著作者简介

约翰·曼吉埃里(John Mangieri)，领导力和个人发展中心总裁。毕业于匹兹堡大学，曾在3所大学任教，担任多家大企业的顾问，并负责各大企业的领导力培训课程。已发表91篇专业论文，出版12部著作。

凯西·布拉克(Cathy Block)，美国德克萨斯基督教大学教授。毕业于威斯康星大学麦迪逊分校，有丰富的教学经验，已发表53篇学术论文，出版17部著作。

本文编译：庄靖

主要内容

5分钟摘要

用对方法思考

很少有人正襟危坐地学习如何思考，大部分经理人和领导者的思考方式都来自孩提时代无意间形成的模式和习惯。其实比较好的做法是分析自己的思考方式，再循序渐进地改进。

思考力是能够改进思考效率的一门科学和艺术。思考力强的人擅长下列三大思考领域：

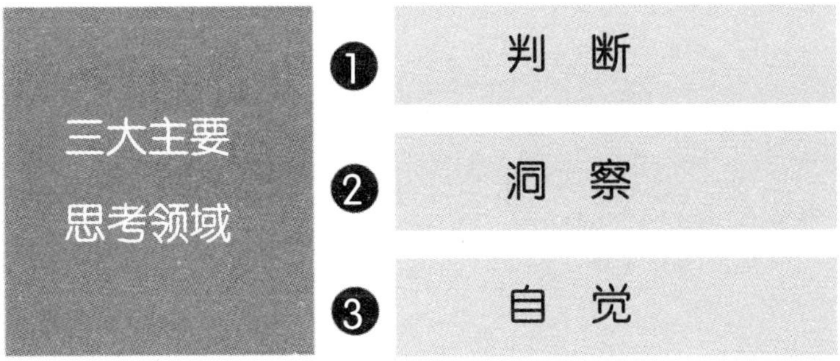

◎ 判断——三思而行的能力。

◎ 洞察——运用直觉构思一流点子的能力。

◎ 自觉——清楚明确的态度和信念。

只要改进每一领域的思考习惯，就能在做决策、解决问题和发挥创意时有更杰出的表现。简单地说，提升思考技巧能帮助你成为更优秀的经理人和领导者，为自身及企业建立持久的竞争优势。

一　判断领域

判断是有意识的心智活动，经过思考后，你的心智便会找到结论，解决问题。思考力强的人判断力也强，他们运用四项心智活动产出高品质的见解，接着再采取四种外在行动，具体展现他们的决策。

思考力强的人精通以下四大心智活动：

公平的仲裁者

仲裁者通过对话来完成谈判，解决冲突，他不会靠权力压制对手。好的仲裁者能够协调不同的观点、承受压力、展现谨慎正直的态度，公平地找出解决之道。思考力强的人不会一听到新点子就立刻心生排斥，他会以仲裁者的姿态分析这个点子的正反两面。他的目标是要为个人或组织做出更好的决策，而非酬谢朋友或打击敌人。思考力强的人总是客观地看待新点子，以改进自己最原始的构想。

要成为公平的仲裁者，必须做到以下几点：

◎ 避免立刻下结论——听到新点子时，先用自己的语言重述一遍，看看自己是不是真正了解这个新构想。

◎ 观察其他人的肢体语言——找出他们言行之间相互矛盾的线索。

◎ 抛弃成见——愿意以不同的方向和观点探索新的构想。

不受束缚的思想者

不受束缚的思想者不会自我设限，让先入为主的观念或经验变成有效决策的障碍。思考力强的人会以全新的眼光看待新点子，而不受限于先前的经验。

要成为不受束缚的思想者，必须做到以下几点：

◎ 避免非黑即白的想法——承认现实世界

中永远存在模糊的部分，接纳每个新点子的灰色地带。

◎ 警觉自己是否陷入老旧思维——把每一个新决定都当成独一无二的决定，而非老生常谈。

◎ 尽可能先测试部分决定——运用适合你的决策策略，比如加权测试法。

◎ 谨慎仔细地计划，并列出先后顺序——如此你才能先做重要决定，而不是只求一时的权宜之计。很多人甚至为了确保不让琐事占据太多时间，刻意和自己预约时间，以便确保自己有时间思考重大决策。

成功的执行者

执行者只问结果，不问方法，但他们会设法找出不能完成工作或实现目标的原因，以便了解如何能在未来更成功。

要成为成功的执行者，必须做到以下几点：

◎ 以理性的解释取代借口——承担失败的

责任，分析如何才能做得更好，如何在未来获得成功。

◎ 了解大部分借口不外乎两种形式——一种是给其他人的，另一种是给自己的。诚实地审视这两种借口，坦承失败的原因，否则你得花上更多时间与精力圆这些谎。

◎ 提出道歉，而非借口——要承担所有的责任，这样大家才会明白你是值得信任的，而且是真心为组织努力。说明经过这次事情你得到什么教训，未来又会如何改进以赢回尊敬。

审慎的分析师

分析师把时间当成解决问题的盟友，不会因为压力而仓促做决定。思考力强的人不会钻牛角尖，但一定会运用足够的时间找出解决之道，而不是冲动行事。

要成为审慎的分析师，必须做到以下几点：

（1）制定你的决策策略——把想法一一写下来，你就不必苦苦记住自己的想法，从而把心思用在创造更多点子或评估点子是否合适上。

（2）把重心放在各种可行的替代方案上，不只是求快而已——只要第一步正确，就不必忙着更正错误，一定会有足够的时间做出明智的决定。

（3）问问自己下列三个重要问题：

◎ 为什么我对这个问题感到困惑？

◎ 要解决这个问题，必须做到哪几点？

◎ 我该如何由现状发展至理想的状态？

（4）列出你的决策清单——一一检讨单子上所列举的事项，确定自己没有刻意忽略任何信息或选项。清单应该协助你注意下列事项：

◎ 想象各种可能出现的正面结果。

◎ 选择最有效的选项。

◎ 把长期观点纳入决策考虑。

◎ 在做抉择之前先用各种选项做实验。

（5）加权测试法——在纸上列出两种选择，然后在每个选项下列出做此选择会导致哪些积极正面的结果，接着按重要等级给各项结果分配不同的指数，加总后最高分者就是你的最佳抉择。

做出决定、找出解决方法及创意点子之后就要采取外在行动。思考力强的人精通下列四项外在行动：

勇往直前的先驱者

所谓先驱者是指有崇高目标，决心克服逆境和挫折，全心实现目标的人。先驱者勇敢无惧，坚韧不拔，全心投入。目标是先驱者行动的基石，未达目标，绝不停止。

要成为勇往直前的先驱者，必须做到以下几点：

◎ 制定大胆且实际的目标——将其当成关键的组织原则、强烈动机的源头，而不是空洞的装饰品。

◎ 注重细节——你会提供什么计划，付出哪些努力以达成目标。

◎ 逆向推论——由你期待的目标反推，得

出该从哪里开始，接下来该采取哪些步骤。只要把重点放在每一步上，你就能按部就班地朝目标迈进，也能预知未来可能出现的障碍，依此做准备。

启发式的沟通者

启发式的沟通者不但自己能提出好点子，也能激励他人提出好的构想。他们会聆听别人的想法，加以改进，而不是指责别人的缺失。优秀的沟通者在表达时总是简洁、精确，善于分析事理，同时也是极佳的听众，他们不在乎自己的锋芒是不是得以展露，只希望提升组织的标准。

要成为启发式的沟通者，必须做到以下几点：

◎ 简洁、精确、清楚地表达。沟通者会删除所有不相干的细节，避开误导的言词，避免笼统和夸张。

◎ 多讲些有建设性的话，不要自我防卫。

◎ 在开口之前，先想清楚自己的观点。

◎ 提出你的观点，清楚说明，然后便停止——让听众有时间消化你的想法，并做出回应。如果他们想更进一步了解，自然会提出问题。

◎ 使用具体的名词和明确的动词——对方才不至于误解你的观点。

◎ 避免使用大量夸张或笼统的用语——否则对方会觉得你不够理性、明智，或太过极端。

◎ 不要用贬抑自己的客套话作开场白——比如，“或许我这个想法太蠢，不会有什么效果，不过我觉得我们该……”这种话只会减弱你的气场，暗示你对自己的观点没有足够的信心。你应该直截了当地说出自己的想法，客套话就省了。让大家清楚地知道你的立场和意见。

态度坚决的发问者

在大部分商业场合，提出聪明的问题可以帮助你厘清对方的语意，澄清模糊的概念。思考力强的领导者只要感到困惑，就会提出深入的问题，目的不在于辩解，而是要清楚了解对方的观点，同时提升接下来讨论的深度。

要成为态度坚决的发问者，必须做到以下几点：

◎ 确定立场——不只是决定你同意或不同意对方的观点，更要提出可以让大家更清楚彼此立场的问题。

◎ 别急着开口——先自问："我究竟想要说什么？我的问题是否能让我们更进一步了解对方的意见，并找出其中的价值？"

◎ 尽可能先搜集其他补充资料——要在掌握大量信息的情况下提出具体的问题。

◎ 提出能让你更了解对方的问题——避免那些凸显自己看法的问题。如果你提出好问题，对方就会更加信任你；如果你只问些关于自己想法的问题，他们就会认为你食古不化，而放弃进一步说服你。

计划的实行者

许多企业都不重视计划，大部分经理人都有成堆精心制作，但被束之高阁的计划。思考力强的人会把计划和执行策略结合在一起，把业务计划当成企业改造的蓝图，并视同事为落实计划的资源。他们的成败系于是否实现计划，光是把计划拟订出来是不够的。

要成为计划的实行者，必须做到以下几点：

◎ 花点时间评估你过去计划的情况——了解过去的失败是因为缺乏重要目标，或是对团队的执行能力缺乏信心，还是有其他因素。了解你的问题之后，就可以思考该如何解决这部分问题。

◎ 分析企业过去执行计划的成果——找出造成失败的制度缺失。找出实用的方法和途径，以便在未来修正这些缺失。

◎ 制定大胆的目标——让同事摆脱安逸的心态。开辟新路子，获求其他人的协助，完成不可能的任务。

◎ 当个好老师——让整个组织共享最佳的信息。

◎ 不怕犯错——让组织上下都同样能够容许在真正努力的过程中产生的错误。

◎ 记录你的成就——因为你往往只能得到有评量记录的成果。制定能反映你成功进度的精确标准，并且确定每一个人都能获得最新评估资料。

二　洞察领域

洞察是指未经思考便能够认知及行动的能力。思考力强的人洞察力也强，他们运用三种心智活动和外在行动，洞悉达成每一项任务必需的条件。

思考力强的人运用下列三种心智活动做出决策、解决问题及进行创意思考：

准备周全的决策者

准备周全的决策者只要有足够信息就会立刻做出决定，相信自己的判断力，不依赖其他的人或事。他们一旦做出决策，确定行动方案，就会采取行动。他们也会接受潜意识的警告，一旦感觉不安，就会继续搜集信息，直到胸有成竹为止。

要成为准备周全的决策者，必须做到以下

几点：

◎ 净空——不做任何决策，摆脱工作场所的一切杂念琐事，聆听自己内心的声音。

◎ 放空——花点时间，闭上眼睛，什么也不想。这能让你潜意识中的想法浮现，并引起你的重视。

◎ 定时反省——每天找出一段固定时间思索你所面对的挑战。这样你就不会因为问题烦心，而会开始思考解决之道。

◎ 调整你的做法——想想你过去曾做过哪些活动让你更有创意、更有远见地思考，尽量多进行这样的活动。

◎ 等待你内心的决策指标——找出你最近所做的好决策，找出是什么样的心灵指标告诉你的。仔细观察同样的指标何时再现。

从容的表现者

从容的表现者，其恐惧、焦虑或担忧都降到最小程度，因此他们的思路清晰且合乎逻辑。没有负面的情绪作祟，就可以更清楚地看出潜意识提示的计划和想法。从容的表现者以适度的焦虑激励自己向前，但这样的焦虑却不致造成其他过度影响，也不会混淆他们的思考。思考力强的人有主动积极的想法及创新能力，他们把焦点放在自己该完成哪些工作上，而不去在意理想和能力之间有哪些差距。

要成为从容的表现者，必须做到以下几点：

◎ 分析自己愿意许下多少承诺——并且决心在未来打破过去的失败模式。比如你做事一向拖延，如今就承诺把工作分解为以小时计算的单位，今天就完成第一个单位。

◎ 以过去的杰出表现为典范——记下过去你成功的因素，承诺未来要朝这些方向努力。

◎ 准备和焦虑成反比关系——承诺多努力，以提高你的成就。

活泼的制作人

活泼的制作人充满活力，激发团队成员争取

成功。他们愿意诚实评估自己的能力和过去的表现，因此能获得其他人信任。即使事情的发展不如预期，思考力强的领导者也不会因此自我怀疑，而会积极采取行动，拟定改善策略。

要成为活泼的制作人，必须做到以下几点：

（1）把焦点放在你从过去的失败经历所得到的教训上。你应该知道，万一计划失败，会面临什么后果。只要你把每项新计划都当成学习机会，压力自然会消失。

（2）能够分辨什么是愿景，什么是白日梦。白日梦是没有准备、计划与执行的愿景。你要有信心，只要能够采取明智的行动，就有能力化愿景为事实。光做白日梦的人什么也不做，却企求最好的结果。

（3）每当你对计划产生焦虑时，就该添加一些可以激励、启发你的元素——思索你真正看重的事物可以增加你的信心。这种正面的情绪会影响你对整体计划的看法，你的心灵也能得到激励，从而帮助你以积极的方式面对整个计划。

（4）要有远见——规划未来时，积极主动地辨识、运用各种改变。思考力强的人在面对突如其来的变化时，总会自问：“这样的变化会带来哪些好处？”这种想法能使他们以积极的方式回应。你可以通过下列方法构思富有生产力的行动方案：

◎ 了解未来可能的改变。

◎ 预测可能出现的问题和需要。

◎ 在继续向前之前，获取更多信息。

◎ 把变化视为改进的契机。

关键思维

预测未来的能力并非预言未来会生产汽车，而是预见只要有汽车，就会有停车的问题。

——阿西莫夫，科幻小说大师

外在行动是决策、解决之道以及创新等心智

活动的外在呈现：

勇敢的执行者

勇敢的执行者有勇气做该做的事，不在乎中途会遇到什么障碍。思考力强的人做出正确决定后，就勇往直前。一旦他们确定了行动方针，就会抱着有志者事竟成的信念，持续努力。

要成为勇敢的执行者，必须做到以下几点：

（1）学习如何说不——断然拒绝和你组织无关的要求。思考力强的人会避免过度承诺。

（2）认同并且重视你的直觉——你曾经凭直觉正确判断的经验。你的目标是要不断积累这些经验，以便在未来运用。

（3）面对挑战时，要养成说“请更进一步说明”的习惯——确定对方是否可以对你尚未察觉的问题提出见解。这样做也能发现哪些人能协助你。

（4）在行动还混沌不明时，也请同事提供看法——以带来新颖的观点。

准时达成的工作者

这些人能按时交出成果，因为他们认真看待自己的工作，并且养成良好的工作习惯。思考力强的人会精心制定合理的目标，并且严格执行，因而能够避免拖延。

准时完成工作，有以下五个诀窍：

（1）觉得工作沉重的时候，接到计划后就马上开始行动——未必要从头开始，可以先做简单的部分，这样能鼓舞自己，以便继续进行较困难的部分。

（2）增加你投入的程度，提升创意思考——你越投入，工作就越容易；越以创意方式思考计划，就越有活力。

不妨尝试下列方法提升你的创意思考：

◎ 和第三者合作，寻求双赢的解决办法。

◎ 预想最坏的情况，去除心理障碍。

◎ 融入其他人提出的最佳点子。

◎ 在确定投入之前，不断寻找新的替代

方案。

◎ 避免鸡蛋里挑骨头、不耐烦，或是落入食古不化的窠臼。

（3）经常保持警觉，找出提升效率完成工作的新方法——你在完成相同任务时，能做得一次比一次更好。追求更好的学习效果，同时也要找出以最少力气完成例行公事的方法。

（4）制定有效且实际的工作期限——不要好高骛远，设定达不到的时限。

（5）建立生产线——把类似的工作放在一起，同步作业。

心平气和的赢家

心平气和的赢家注重高效率工作，他们不会因为内外的骚动而分心。一旦问题出现，他们就会开会公开说明，不会造成矛盾混乱的情况。赢家可以回归积极正面的思考，不会产生愤怒的情绪。思考力强的人能够积极面对他人的负面情绪。

要成为心平气和的赢家，必须做到以下两点：

（1）认同并培养正面的情绪——多花点时间思索正面情绪（欢喜、热忱、爱、信任、责任、信心和希望等），而非负面情绪（恐惧、忧伤、愤怒等）。

（2）以下方法可以帮助你培养并加强欣赏不同观点的能力：

◎ 发挥同理心。

◎ 仔细倾听他人的意见，并充分运用别人的好点子。

◎ 真心尝试了解他人的观点。

◎ 找出他人杰出的表现，然后赞扬他。

活力充沛的创造者

活力充沛的创造者永远在寻找个人及组织的挑战机会。他们面对新奇、刺激的事物时，以创意迎向眼前的挑战，而不会自我设限。思考力强的人是组织成长和进步的催化剂，任何组织都需要这种人。当然，这种人在面对新课题或成长的过程中，也应接受失败，保持学习、成长的积极态度。

要成为充满活力的创造者，必须做到以下两点：

（1）欢迎复杂的问题，不逃避——这正是发挥才能的大好机会。过去的看法认为，我们选择自己能力范围内的工作才会有好的表现，但思考力强的人却能够接受困难的挑战，测试自己的基础，扩展自己的能力。挑战高难度的工作能为你积蓄充足的能量，并且一直延续到未来。

（2）以鼓励他人提升目标来建立你的领导风格——创造有利的工作环境，让员工尽最大的努力来表现。

关键思维

人必须超越极限，否则天堂还有什么用？

——萨托，16世纪意大利画家

三　自觉领域

自觉融合了经验、策略和洞察力。思考力强的人运用这样的组合，创造组织和个人的成功。他们运用四种心智活动和四种外在行动，不断运用、管理自觉的能力。

思考力强的人运用下列四种心智活动：

正确的评估者

正确的评估者知道自己的长处和短处，他们能正确评估自己的能力，因此渴望拟订取长补短的计划。思考力强的人不但能维护自己的尊严，也懂得面对现实。

要成为正确的评估者，必须做到以下几点：

（1）辨识你自己的核心价值和信念——那些会激励你，让你付出热忱的元素。

（2）分析你的自尊——并且通过达到目标，

不断提升自尊。

（3）解除自我设限——改变你和自己对话的方式，以积极主动的语言取代具有负面限制的语言。把焦点放在你可以采取的正面行动上，别把自己困在疑惑中。

（4）培养自我感受——提醒自己，过去的失败未必会投射到未来，相反，你拥有了改进的能力。

善于接纳的实在主义者

实在主义者了解并且承认他们不可能知道所有事情的答案，因此他们打开自己的心胸，广纳建言，愿意接受新的想法和选择。思考力强的人通常有坚定的信念引导他们行动，但他们的自觉也容许自己彻底思考、评估新的想法，并且乐于把这些想法融入他们的行动中。

要成为善于接纳的实在主义者必须做到以下几点：

（1）欢迎任何人挑战你的信念——尊重他人

提出的想法。你的信念必须禁得起不断的挑战，否则就没有价值。

（2）愿意不断发展个人的信念——一旦发现新的证据和事实，随时调整自己的信念。

（3）保持高度自信——有开阔的心胸和勇气接纳新的想法，即使这些想法和你过去的信念背道而驰。

（4）不时评估你的信念——分析自己的信念在面临挑战时会怎样。如果你的信念不对劲或不合理，就该更新或重新评估。

（5）了解你的信念如何影响你的领导能力——特别是你和员工的互动方式。不论员工是接纳你的信念，还是保持他们自己的想法，都会对团队有深远的影响。

自信的楔石

楔石是用在拱门中支撑其他石块的石头。对这些人而言，自信就像楔石一样，支撑他们的所作所为及收获。思考力强、又有自信的人接受各种新的挑战，因为他们知道自己能战胜挑战。他们靠自己获取积极的力量，常会想出各种新奇的办法，四两拨千斤。

要成为自信的楔石，必须做到以下几点：

(1) 检视自己的自尊是变强还是变弱——以此作为面对要求时该接受或拒绝的指标。

(2) 积极主动地补救——一旦犯错，应采取以下行动：

◎ 找出错误。

◎ 为负面的结果道歉。

◎ 说明你为什么做出原先的决定。

◎ 说明你采取新做法后，未来会有什么样的成果。

◎ 征求大家对你更进一步改进的意见。

(3) 和自己约个时间——让你有时间解决问题、写下目标、更正你的想法，并且仔细思考关于未来的计划。

(4) 在采取行动前先想象成功的解决办

法——让白日梦变成愿景的实际做法。有愿景的人会说出他们要采取什么行动才能达到目标，而做白日梦的人只会空谈，从不真正着手去做。

成功的失败者

虽然成功的失败者听起来很矛盾，但这种人能化失败为学习经验，并且从中获利。他们以公开和合乎逻辑的方式应对负面的事件或批评，不会有情绪化反应。成功的失败者往往能正确看待成败，不会因此阻碍自己前进的脚步。简言之，思考力强的人能从失败中学习，而不仅仅是承受失败的打击。

要成为成功的失败者，必须做到以下几点：

（1）提升承受失败的程度——尤其在你或团队要进行与以往截然不同的新计划时。

（2）从失败中学习——事情发展得不理想时，要找出下列两个重要问题的答案：

◎ 如今我知道了哪些原本不知道的教训。

◎ 在团队里，大家对处理事情是否都有相

同的态度。

（3）同样重视成与败——不论成败都会对自己的判断能力、洞察力和自觉方面有所贡献。认真看待成与败，提高自己的领导能力。

（4）了解在大部分情况下，进步是由于不断尝试错误而得到的结果——不是一次又一次的成功造成的。

关键思维

在戴尔，创新就意味着冒险，并从失败中学习。我们尽可能让员工不要害怕可能会面临的失败。

——戴尔，戴尔电脑创办人兼CEO

思考力强的人擅长下列四种自觉的外在行动：

坚持原则的领导者

坚持原则的商界领导者通常都有强烈的个人信念，驱使他们力排众议，坚持自己的做法。他们往往受到同事的高度尊重并有自己的价值观，以行动展现自己的信念。

要成为坚持原则的领导者，必须做到以下几点：

（1）提升你对工作的热忱——热切追求目标，抱持积极的信念。

（2）调整你的价值观——认清你自己的价值观，对你追求的目标要真诚。

（3）找出你最尊敬的几位历史人物——想清楚自己为什么尊敬他们，并把象征你最重视的价值观的典范加入这份名单。

（4）寻找能对你的团队有独特贡献的机会——有哪些作业可以通过你的能力和才华而有精彩表现。

（5）要有足够的自信，能善待所有人。

有弹性的实行者

有弹性的实行者，不论是不是自己做先锋，都会尽力完成任务。他们不必非得要做主管才觉得自己受人尊重与赏识。有弹性的实行者重视每个人的独特贡献，换句话说，他们认为团队的成功远比维护自我更重要。同样，思考力强的人工作动机也是来自成就感，不过分追求社会大众的认可。

要成为有弹性的实行者，必须做到以下几点：

（1）找出其他人的目标——建立员工的归属感。有时候，你可以借着新的典礼仪式赞扬员工的表现来达到这点。这样做能建立正面的互动，鼓励员工对团队更忠心。

（2）建立坚强的支持团队——提供你所需的安全、保障和接纳。优秀的支持团队能弥补你的弱点，是导师、同事和密友的组合。只要花一点心思，就能建立和你有着相同目标，但成员又各有不同才华的支持团队。

（3）接受别人的帮助，也经常帮助别人——你在团队里接受其他人帮助的次数要和你帮助别人的次数相当。然而，事实往往未必如此，因此你该提前制订计划，以确定人人都能对参与的计划有所贡献。

创意丰富的完成者

创意丰富的完成者以充满创造力的方法完成工作。一旦情况超乎预料，这些人就会挺身而出，采用和先前计划不同的策略。

要成为创意丰富的完成者，必须做到以下两点：

（1）坚韧不拔——即使看不到有什么即时的解决之道，依旧不懈努力。创意丰富的完成者会先做功课，而不是想靠运气，或指望外力干预，而这需要弹性和心智的力量。创意丰富的完成者面对困难时，追求成功的欲望更强烈。有为者亦如此。

（2）找出你最有价值的资源——才能、思考力、人才以及其他你所需要的资源，并组合运用各项资源。

可靠的结束者

可靠的结束者刻意安排一切。他们所采取的每一项行动，都事先经过审慎思考规划，并精准执行，追踪后续发展。他们重视时间，很少拖延；同样，他们也信守诺言，赢得大家的信任。

要成为可靠的结束者，必须做到以下几点：

（1）实现对所有人的承诺——培养别人对你的信任和信心。不要轻易承诺，一旦允诺，就不计任何代价达成。要养成信守承诺的习惯。

（2）找出解决问题的模式——每当面对问题时，都该在下列各领域中找出成功的策略：

◎ 自己的信息和想法。

◎ 过去运用的策略。

◎ 其他人提供的资料。

◎ 别人先前运用的策略。

◎ 比较数种选择的优缺点。

◎ 评估不同地方所采用的最佳方法。

四　融而为一

要成为思考力强的人，你必须进行六周的培训计划，把重点放在培养新思考策略上，并且改进现有的思考习惯。

想提升你思考的广度和深度，要谨记下列建议：

（1）不要一次追求太多目标。一次只针对上述三个领域中的一个，就可以获得最佳效果。选择该领域中的一两种认知活动，持续努力，做法有三：

◎ 选择你觉得自己表现最弱的领域。

◎ 选择你觉得自己表现最强的领域，并继续加强。

◎ 依次轮流强化这三个领域，持续改进。

（2）刻意改进你所选择的领域，让自己在这方面表现得更好。要养成新的思考习惯通常需要六周的时间。因此你得下定决心，至少要努力六周，直到这样的思考习惯成为自然反应为止。

（3）放置一些视觉提醒工具。比如把新的策略写在卡片纸上，放在你常看到的地方，让它引导自己的思考模式。过一段时间就能养成新的思考习惯，不再需要刻意努力。

（4）追踪进展。眼光放长远。找出可以反映你思考模式的衡量标准，时时追踪这些标准是否依然适用。这种做法能大幅增强自信。

关键思维

要精通思考技巧，就必须采取行动。你得了解做好工作的先决条件，然后练习这些过程，直到熟能生巧，变成自然反应为止。反复采取简单的行动，直到它成为你思想过程中根深蒂固的一部分。

大部分人都不知道如何彻底发挥思考力，因为他们缺乏增进思考技巧的策略知识。1997 年有效管理研究院所做的研究显示，约74%的大学毕业生从没有正式学过如何运用特定的认知策略。他们不知道如何有效导引自己的思路，获得最有效的结果。一个人如果未经特殊的训练，那么他儿时所养成的思考模式到成年后也不会改变。这就是说，许多领导者依然试图凭借儿时所学的思考模式在这迅速变化、以绩效为导向、复杂而高度竞争的世界中成功。该是改变这种状况的时候了。

运用以改进自我认知程序为目的的策略，就能改变你的人生。对多数人来说，改变让人不舒服，因为这意味着你必须放弃长久以来的行为方式，以及让你拥有目前成就的人格特质。然而这些改进认知程序的策略不但能提升你的领导能力，也能改善你的其他能力。它们会让你变得更快乐，更有自信，并对自己和人生更满足。

——约翰·曼吉埃里　凯西·布拉克

专家解读

思考力直接影响领导力

文/郑启川

如何思考才专业

优秀的专业人士必定是好的思考者。进行策略思考法时，应遵循以下思考程序：

（1）找出真正的问题与目标——在解决问题之前，必须先厘清问题。在未清楚界定问题之前，过早跳入思考解决方案的阶段，往往会因解决错误的问题，而做出不利的决策。为避免找错问题，必须不断质问挑战问题本质的基本假设，并且不断搜集有关资料，直到找出问题的核心为止。

（2）选择策略时，先思考为什么，再思考如何——思考为什么，是为了找出决策的理由，不致忽略任何可能性与机会。要一再设想，做了某个决策后，是否有助于实现目标。通常，可能性的高低、机会的大小，是决定必须投入多少资源与努力的关键因素。

（3）将目标、任务加以分解——把总体目标分解成较小、较容易执行、方便管理的小单元，如行动目标，以便专注、有效地完成任务；也可以按照功能及时间顺序来分解。

（4）评估手中的资源——如果未把资源因素考虑在内，就注定要失败。资源的考虑，包括团队的内部资源与外部资源，内部资源包括财务、人力、技术、设备等，外部资源包括策略联盟的可能性等。

（5）发展计划——先从明显的要素开始，将所有活动及所需的资源列一份完整的清单，内容尽可能完整而详细，然后依时间先后及重要性进行排序，拟订完整的工作计划。一份完整计划必须包含清楚的完成时限、具体的任务说明与成果标准、财务预算、人力配置，以及定期检验成效的办法。

（6）将正确的人放在正确的位置——在策略思考过程中，必须将团队所有成员纳入。目标达成有三要素：正确的计划、正确的人、正确的位置，三者必须紧密结合。

（7）不断重复练习策略思考的过程——策略思考必须持续进行，才能得到更多不同的反馈。

七大思考工具

上述策略性思考程序，或许不是创见，但多数经理人终日忙于业务，不知不觉中就会陷入盲点。以下七种思考工具，大多运用身边的事物帮助思考：

（1）可能性思考法——经理人在任何情境下都应该试图找出可能性，即使处在负面的情形下，也不要将焦点放在不可能的事情上。只要自己相信成功，自然就会成功。运动心理学家鲍勃·罗特拉说：“如果你不想进行正面思考，那也可以，只要去除脑中所有的负面想法，无论剩下什么，都会是好的。”

（2）真实思考法——如果事实是残酷的，令人生气且沮丧，经理人仍然必须接受事实。他必须面对真正的问题，先抛开所有假设与成见，搜集所有与问题相关的事实与资料，提出正反意见，厘清问题的本质与现实的情况。此时，还要设想最坏的情况以及后果，预先规划应对方案。

（3）宏观思考法——同时接纳看似矛盾冲突的不同观念，学会处理复杂、不同、多元的想法。经理人会从每一种经验中学习，从不同的人身上获取智慧，勇于打破现状，允许自己探索新的世界，拓展新的生活领域。

（4）逆向思考法——昨日的成功经常是今日成功的最大敌人，要持续挑战自己的想法，养成尝试新事物、新方法的习惯。经理人必须习惯反潮流的不舒服感，尤其引人侧目、被人拒绝时，更需要适应别人异样的眼光，甚至冷嘲热讽。

（5）创意思考法——要去除创意杀手，在心理上消除阻碍创意思考的态度、信念与想法，进而自问正确的问题。经理人应该创建一个鼓励创意思考的环境，与员工建立相互信任。

（6）聚焦思考法——移除使人分心的事物，遵守先后顺序，养成专心工作的习惯，避免任何打扰。在进入聚焦思考之前，要有事前的准备时间，将聚焦思考的工作项目摆在手头上，尽量放在固定思考及工作的地点，随时可以专注进行。在思考进入聚焦时，目标要清楚，成果标准应该设定在可以达成的程度。

（7）反省思考法——反省需要时间，可行的做法是养成反省的习惯，针对每天、每周、每月及每年，安排固定反省的时间，或是在一个重要的事件发生后，安排一个特定的时间进行反省。反省时，应该排除所有干扰。定期检视日程表、工作日志或日记，检视自己做过的事情或活动是否符合先后顺序，而且要自我设问，例如，我从中可以学习到什么？下次可以有什么不同的做法？记录从反省中获得的好想法，将教训转化为行动。

以创意解决问题的方式

经理人会以思考力作为改进思考的科学与艺术标杆。在商业社会中，点子就是商机。经理人一旦接受创意思考，就会重视员工的点子，也能敞开心胸开发多种选择方案；更重要的是，他不会害怕失败，而是会坚持不断尝试，直到解决问题为止。

作者简介

郑启川

台湾政治大学公共行政研究所硕士，曾派驻日本多年，负责搜集市场信息。目前任职的“台湾企划塾”是专为企划与创意人才而设，以培训人才为机构要务。

梦想变真实的 10 层检视

Put Your Dream to the Test

10 Questions to Help You See It and Seize It

原著作者简介

约翰·麦斯威尔(John Maxwell)，毕业于美国俄亥俄基督教大学、阿苏萨太平洋大学以及富勒神学院，是领导力方面的专家、演说家和作家，也是 EQUIP 和 Injoy Stewardship Services 两家教育培训公司的创办人，全球接受过其培训的领导者超过 200 万名。他被誉为全球最顶尖的领导学大师之一，曾接受《纽约时报》、《华尔街日报》和《商业周刊》专访，并著有 50 多部书，总销售量高达 1600 万册以上，其中《领导力 21 法则》《从内做起》《领袖 21 特质》等 3 部著作，销售都达百万册。

本文编译：王约

主要内容

主题看板

让梦想成真

厘清梦想

两年前朗达·拜恩和迈克尔·劳塞尔分别出了《秘密》和《吸引力法则》这两本书，一时之间心想事成顿成21世纪显学。它们传达的理念是，你的想法会促使你渴望的事发生。现在，对大多数人而言，他们真的了解自己想追求的事吗？

约翰·麦斯威尔对于梦想实现的可能性，有10个检测方式，回答的“Yes”越多，表示梦想越有可能实现。其中一个问题是，“你的梦想是清晰可见，还是模糊不清？”在追求梦想之前，必须先厘清自己究竟在追求什么。许多人会误以为物欲即是梦想，最典型的例子如女孩说：“我的梦想是买一个爱马仕的铂金包！”但是再深入问道，

“买到包包之后呢?”她可能就会陷入思考，不知如何回答。买个铂金包并不是真正的梦想。要找出自己真正的梦想，就必须不断与自己对话，将一些不必要的想法剔除，找出一个明确肯定的答案。最终厘清的梦想可能与最初的想法完全无关，例如女孩可能发现，她内心的渴望其实是成为众人目光的焦点，或者接受众人的喝彩，为众人带来欢笑与喜悦。

《秘密》与《吸引力法则》等书从一开始就提出一个关键的问题，“你到底要什么”。梦想绝对不是局限于物质层面的东西，它应是人生真正的渴望。了解了最终梦想，就可以反过来思考现在应该选择从事的工作。只有追根究底找出真正追求的梦想，然后设定目标，才能将梦想与目前的生活相联系，知道自己当下该做的选择。

梦想者

英国作家切斯特顿曾经说:“梦想是一个人生存的核心。”然而，从梦想转化为现实的过程，有多少难题要克服，有多少艰辛的路要走，又有哪些具体策略可以帮助我们实现梦想？这些或许是大家设定梦想时不曾想过的问题。所幸尚有诸多作家透露实现梦想的秘诀，例如美国作家卡尔·桑德堡说："除非你把梦想排在第一位，否则不会有任何事情发生。"这告诉我们开展实际行动的重要性，以及不论遭遇什么困难，都要拥抱与面对。诗人与剧作家奥斯卡·王尔德也说："有梦想的人可以在月光下找到自己的路，也会比世界上的其他人更早看到黎明的曙光。"这是说梦想能指引我们找出达成目标的路，在挫败沮丧之时也能保有希望和热情。

同样，约翰·麦斯威尔也针对梦想提出10个问题，引领读者发现梦想，找出策略，把无边的梦想化为可实践的目标，包括热忱、方法、毅力等大家在逐梦之前需要思考的因素。日本和民集团创办人渡边美树的例子，也清楚佐证了麦斯威尔列出的十项因素确实是实现梦想的必要条件。渡边美树从小就立下成为社长的梦想，并且为梦想设定目标、日期和计划，具有明确的方向和方法。他创业20多年不曾请假，即使发高烧也要上台演讲，住院也要坚持学习，对梦想有坚持的毅力。他投入教育和有机农业，提供的有机蔬菜占日本的6%，还在柬埔寨兴建学校和托儿所，他的梦想也确实让世界变得更好。

5分钟摘要

检视梦想 10 问

有梦最美。梦想能够启发、激励你去成就大事。要让梦想成真，就必须让梦想从虚无缥缈的世界进入现实。要做到这点，必须回答 10 个问题：

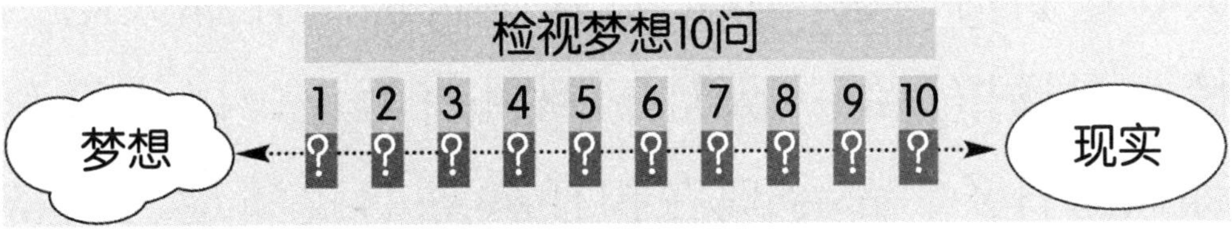

探究自己的梦想，好好回答这 10 个问题，那么实现梦想将不是难事。

关键思维

我真的相信，每个人都有潜力去勾勒出有价值的梦想，而且大多数人也都有能力去实现梦想。只要你检视梦想 10 问的答案都是“是”，那么无论梦想有多么远大，还是多么不切实际，都不是问题。

——约翰·麦斯威尔

一定要牢记，世上只有两种人：现实主义者和梦想者。现实主义者知道自己要往哪里去，而梦想者已经去过了。

——罗伯特·欧本，美国喜剧作家

假如我能够回头在过往的运动岁月中挑出一天，重新活一遍，我的选择很可能会让你大吃一惊：在场馆里练一天球。到目前为止，以往每个练球的日子，都令现在担任教练的我满足、振奋和难忘，我指导手下的球员如何通过团队合作来取得成功。西班牙作家塞万提斯写道：“旅程比旅店更美好。”对我而言，打拼、规划、教导和学习、追寻（旅程）是超越一切的，包括纪录、奖项或全国冠军。我的乐趣都来自旅程。你应该去检视自己的快乐（喜悦）从何而来，是来自旅程，还是只来自成果（旅店）？”

——约翰·伍顿，美国传奇篮球教练

一　掌握

这是你自己的梦想，还是为了讨好别人，替他们去追逐梦想？

年轻人有时会发现，自己上大学去念的是父母觉得听起来不错的，而不是自己真正喜爱的专业。这会导致挫败感，道理很简单，你绝对无法实现不属于自己的梦想。

你必须找到人生的方向。你的志向是开启人生一切可能的钥匙。如果你虚掷光阴听天由命，而不是去实践自己的梦想，最后就会落得一事无成。要让梦想有机会成真，就必须去掌握自己的梦想，拒绝接受以下观念：

◎ 美梦成真这种事，不会发生在你这样的平凡人身上。

◎ 梦想必须远大、大胆，要不然就不值得

去追求。

◎ 现在还不是你追求梦想的时候。

要挺起胸膛，掌握自己的梦想，必须做到5件事：

（1）相信自己——而且敢于押下重注，赌自己说得出就做得到。要相信自己。

（2）开始采取积极态度——掌握自己的人生，负起责任去实现理想，而不只是让一切顺其自然。要勇往直前，全力出击。

（3）做自己喜爱的事——自己会热忱投入的事。不要只为了赶潮流而去做某些尝试，要找到自己真正热衷的事情，然后让自己成为翘楚。

（4）不要拿自己的梦想去跟其他人比——那是风马牛不相及的事情。你应该把握自己现有的资源和基础，专心致志地发挥全力。付诸行动，让自己的梦想开花结果。

（5）即使其他人不看好，也要相信自己——在一开始，你的梦想对别人而言很可能太不切实际。不要理会他们，他们有自己的问题要解决。努力让自己有个不平凡的人生。

如果你有一个梦想，却没有真正积极地去实现，那么你得扪心自问，你的梦想到底是不是真的。如果你所怀抱的梦想是投他人所好，那你并未充分掌握自己的梦想。找到属于自己的梦想，担起责任，然后努力实现。

关键思维

年轻人年少轻狂，因此会尝试种种不可能，并使之化为可能，代代如是。

——赛珍珠，美国知名女作家

在所有言语或笔墨表达的可悲话语之中，最可悲的莫过于："要是……就好了！"

——约翰·格林里夫·惠蒂埃，诗人

二　厘清

你的梦想是清晰可见，还是模糊不清？

要成就大事，必须清楚定义梦想。假如你无法定义自己的梦想，也不能清楚而详细地描述，就无法追求梦想。你必须排除所有含糊不明之处，才能取得伟大的成就。

为什么梦想需要清楚定义才能够实现呢：

（1）厘清梦想可以使笼统模糊的构想变得具体——这点很重要。除非你清楚知道自己要完成的是什么，否则不会有太大成果。决定了自己真正想要的是什么之后，就可以开始跟踪进展，并设法强化自己的动力。

（2）如果你自己没有去思考，梦想永远不会清楚——只会和现在一样模糊不清。一旦你去审视各种细节，梦想就开始成形。这些细节通常包括你会需要的资源、必须具备的经验，以及必须争取帮助你达成目标的人才等。在清楚了解需要些什么之前，要坚持厘清自己的梦想。

（3）厘清梦想可以增强信心——强化你的目的感，而不会自相矛盾。越是努力厘清、检视梦想，你就越觉得自己做对了。

（4）厘清梦想有助于决定优先目标——不论你怎么想，就是没有人可以拥有一切。要全心投入梦想，就要放弃其他选项。当梦想变得清楚，你的优先目标就会清晰浮现。

（5）梦想厘清之后，就要引导并激励你的团队——远大的梦想一向需要他人一同参与。清楚设定你的目标，然后让成员努力去做；找出最终目标，然后就让成员去加以实现。

令人惊讶的是，竟然有那么多人和组织都宁可浑浑噩噩度日，也不积极主动去做出理想成果。要向前迈进，就必须清楚描绘目标。让你的想象力尽情驰骋，并尽量详尽地用文字记述下来。把梦想量化，让梦想可以度量。怀抱远大梦想，诉诸文字，把它放在自己每天时时看得见的地方，付诸行动。

关键思维

愿景清楚，最终就能得出正确的策略；愿景不清楚，什么策略也救不了你。

——迈克·海厄特　托马斯·尼尔森

切记：人生不过就是许多年的成就累积而成，一年的成就只不过是许多个月的成就累积而成，一个月的成就只不过是许多个星期的成就累积而成，一个星期的成就只不过是七个日子的成就累积而成。日复一日坚持通往成功的习惯，就是制胜的有效途径，道理就在这里。

——罗伯特·林格

《我是吓不跑的业务员》作者

三　现实

你是完全凭借自己可以掌握的因素来实现梦想，还是凭借其他因素？

要取得长远的成功，就不能把一切交给命运。你应该有自律和意志力去构筑梦想，并放手发挥自己的长处。

实现梦想的真相是：

◎ 这段旅程一定比你原本的预测漫长。

◎ 障碍一定会比你以为的更多，更严重。

◎ 你所经历的失望和低落，会难受得出乎你的预料。

◎ 为了成功所付出的代价，会远高于你的预期。

要让梦想成真，你不仅要不懈努力，还要懂得省力。这表示你必须在符合自己所擅长的梦想上努力。要做到这点，最好的办法就是专心去做你喜爱的事情。只要你这么做，马上会得到3个好处：

（1）专心去做自己擅长的事符合最省力法则——你将取得更多成果，因为你所做的事对你而言易如反掌。发掘自己真正擅长的领域，然后持续在这个领域内耕耘，你就能在别人还跌跌撞撞时突飞猛进。

（2）发挥自己的长处，就会缔造更一致的成果——而不是偶尔才做出一点好成绩。在大多数领域中，一个人只要坚持每天都有卓越表现就能够成功。

（3）发挥自己的长处，必然会为你投注的心力带来高报酬——你会对自己做的事充满热情。

实际上，根据现实情况来筑梦，要做下列两件事：

（1）根据自己真正的习惯——梦想要成真，必须靠你的行动。无论如何，你的行动大多会由你的习惯驱使。你每天的所作所为，也就是日常习惯，会大大影响你人生的成就。实现梦想的真正秘诀就在你每天的行动里。

要达成有价值的成就，就必须善用良好的习惯，包括自律、专心和积极。习惯具有强大的力量，会产生累积效应。它会导引你朝特定的方向努力并且长期坚持。如果你的梦想是根据你在生活中根深蒂固的习惯而来，那么你就更容易成功。

（2）根据自己真正的长处——不要想去改变现在的自己，那是不可能的。现在的你就是真正的你，要接受它，然后开始努力改变最后的结果。好的梦想一定会符合你的长处、你的习惯和你的潜能。如果你的梦想不符合这3项因素，横亘在前面的将只有挫败。

当你去做上述两件事，现实就会成为你的助力，而不是你的绊脚石。

关键思维

我跟所有人一样，也希望鸿运加持，可是我加倍努力，以免陷入需要运气才能产生有利结果，或是对手可以靠运气打败我们的状况。对我而言，规划之余的部分（运气）可能很重要，但更重要的是规划。

——约翰·伍登，美国传奇篮球教练

肤浅的人相信运气，坚强的人相信因果。

——爱默生，美国作家、思想家

如果你清楚自己的长处，并根据自己的长处尽一切努力去实现梦想，坚持不懈，直到这些变成你的习惯，那么你的梦想就很可能会成真。对大多数人而言，他们面临的限制不在外，而在内。

——约翰·麦斯威尔

四 热忱

你的梦想是否真的能够吸引你，使你非努力实现不可？

热忱是所有成就的起点，因为：

◎ 热忱会带来活力，让你有初步的机会去追逐梦想。

◎ 热忱可以让你不受各种障碍、杂念以及失望的影响，继续向前迈进。

◎ 热忱会带给你克服逆境的毅力。

◎ 热忱会促使你思考有创意的方法，去取得更多成就。

◎ 热忱可以让你处于优势，使你拥有成功的机会。

简而言之，热忱会启发你另辟蹊径，朝着更美好的结果迈进。热忱并不足以保证成功，却是成功的先决条件之一。

那么，要如何提升自己做事的热忱：

（1）了解自己的个性——有些人在压力下特别活跃，有些人却讨厌压力；有些人喜欢面对面的对抗，有些人却唯恐避之不及。了解什么因素可以激励自己，善用任何适合自己个性的激励因素。

（2）保持专注——不断提醒自己当初为什么想要追求自己的梦想。当你深陷在问题当中时，很容易就会忘了初衷。要提醒自己长远目标是什么。

（3）坦然接受自己和同事不同——并且视为好事，不必惧怕。任何想追逐梦想的人，都是与众不同的。去实现自己的梦想，不必担心别人怎么看你，那真的一点都不重要。

（4）不要因为年龄增长而失去热忱——拒绝放弃梦想。有太多人在应该更热切追求梦想的时候，不知不觉落入无益的安逸之中。不要因为年纪而气馁，即便是世界上成就最高的人物，也会跟大家一样变老。

关键思维

如果你所做的是你真心在乎的、令你振奋的事，你根本不需要有人督促你，愿景就会推动你往前迈进。

——史蒂夫·乔布斯

人生应该努力做到两件事情：首先，得到自己想要的；然后，好好去享受成果。只有绝顶聪明的人，才能做到第二件事。

——罗根·史密斯，美国散文作家

成功不是幸福的关键，幸福却是成功的关键。如果你热爱自己所做的事，你就会成功。

——史怀哲，哲学家

五　方法

你有没有具体策略去实现梦想？

令人惊讶的是，竟然有那么多人徒有梦想，却从来不努力设法去加以实现。要实现梦想，就必须找到策略，光是坐着等待仙女现身，拉你一把，算不上策略。

要拟出策略去追逐梦想，可以按以下方法来思考：

（1）清楚说明你的想法——你的立意为何、最终目标为何，以及过程中会有哪些挑战。厘清这几点之后，就可以开始设法构思要采取哪些步骤，以让自己从目前的状况达到未来的目标。

（2）检验自己的行动——梦想与一厢情愿的差别就在于你每天的作为。要达成梦想，必须每天都去做些跟梦想有关的事情，同时注意你的行动是否有效果。长期成功的秘诀，就在你每天的日程安排里。要确认自己每天都有做到的事情。

（3）要考虑所有的选项——看看是否应该修改计划。要成功，必须随机应变。要做好该做的事，可能会有更好、更省力的方法。在思考时要懂得变通，如果有更好的方法可以让你达到想要的结果，就要勇于改弦易辙。

（4）善用你所有的资源——最好能用上还没取得的资源。每一个梦想都需要资源。检视自己现有的资产，想想还需要哪些其他资源。结合所有资源，然后跟那些能够提供你所欠缺资源的人洽谈。

（5）排斥所有非必要的事物——让你可以一心一意追求梦想。远大的梦想总是要付出代价的。要追求梦想，必须付出所有努力。把非必要的事物从日常例行公事中清除掉，减轻负担，才能向前迈进。

（6）拥抱你的挑战——勇于正面迎战。通往每一个梦想的途中都充满了挑战。这就是人生，我们无可回避，只能做好准备。要把一时的挫折与失败当作朋友，而不是敌人。学习从失败中进步。失败了，就加以检讨，并从中吸取教训。你应该抱持的心态是，如果非得犯错，那就做好犯一次错的准备，但不要重蹈覆辙。

关键思维

如果你的习惯和你的梦想不符，要么改变习惯，要么改变梦想。

——约翰·麦斯威尔

六 人力

所有能协助你完成梦想的人，你是否都已经找齐了?

每一个梦想都必须和其他人互动，包括伙伴、顾客、同事。如果你有团队协助你实现梦想，你就会有更大的成就。团队能够使你获得更多成果，让你梦想成真。

要达成任何有意义的成就，最重要的挑战之一就是要组成梦想团队来协助你。理想的梦想团队，应该由3大类型的人才组成：

（1）可以鼓舞你的人——鼓励你，帮你加油让你有更好的表现。要让身边充满可以激励自己进步的人。

（2）对你直言不讳的人——在必要时会直率地告诉你事实。他们会针对你的缺点提出许多诚实的批评，让你不会欺骗自己。

（3）技能跟你互补的人——在有些方面比你更擅长。要招揽擅长你欠缺部分的人才进入梦想团队，他们可以弥补你的弱点，让你取得更大成就。

要招募到这么理想的梦想团队，你必须善于将自己的愿景传达给他人。你必须让他们真心接受你的梦想，而这常常是一大挑战，需要靠可信度和说服力。要将梦想或愿景传达给另一个人，包含3个不同的层面：

（1）逻辑层面。不合理的梦想无法让人接受。要赢得信赖，你的梦想必须务实可行。如果你的梦想没有清楚说明所有的现实状况，没有人会当真。不仅你的整体目标要符合逻辑，所提出的策略也必须可行。理想的策略会将梦想分成容易做到的小部分，再分派给不同人或团队去执行。如果所分派的任务看起来根本无法完成，而且策略又不明确，就无法让人接受。

（2）情感层面。大家或许可以了解你梦想背后的基本逻辑，可是要让他们完全认同，你还必须建立某种情感上的联系。你可以运用以下3个基本做法：

◎ 从对方的角度和兴趣去说明你的梦想。

◎ 让他们了解你个人对这个梦想的感受。

◎ 让他们了解最终可以得到的好处。

（3）通过生动的描绘来让梦想具体呈现。要用鲜活的文字去描绘出梦想实现后的实际景象，让你更容易比较梦想实现前和实现后的不同。当大家可以通过景象的描述去看见梦想时，就会投入并采取行动，努力争取实现后的益处。

当你成功将自己的梦想传达给别人，你会很清楚地看到许多明显的迹象：

◎ 大家会争相加入实现梦想的团队。

◎ 每个人都会在讨论中提出自己的创意构想，为团队贡献力量。

◎ 大家会很急切地负起责任，做好该做的事。

◎ 大家会视梦想为己任。

人类的各个领域几乎都需要靠团队才能实现梦想。你必须招揽其他人加入，才能成就大事，而且梦想越远大，越需要他人的参与。所幸，优秀人才一向会受到远大梦想的吸引，而且你会发现，梦想越远大，就能吸引越多人。你的挑战在于：把这些人凝聚起来，传达你的愿景，邀请他们参与，然后放手让他们好好发挥。

关键思维

当你开始了解到，有了其他人的协助可以让你有比单打独斗更理想的表现时，你在个人的发展上就向前迈进了一大步。

——安德鲁·卡内基

我们要呈现的人生，不应该是人生真正的样

貌，也不应该是人生该有的样貌，而应该是我们在梦想中所见到的模样。

——列夫·托尔斯泰

七　代价

老实说，你愿意为了追逐梦想而付出代价吗？

每个梦想都必须付出代价，而且你一定会发现：

◎ 真正的代价会比你当初预测的高。

◎ 要付出代价的时机会比你预期的早。

◎ 你将不只付出一次代价，你会面临出乎意料的发展和挑战。

◎ 你必须想想，实现梦想的代价是否会高过价值。

梦想的代价非常多样，不过几乎每个梦想都要付出下列3种代价：

（1）你要承受重要人士的批评——你敬重的人，他们会真诚地告诉你，你在无意间误入歧途了。这些人是出于善意，但是并没有掌握你的实际状况。你要做好心理准备，不要被他们的意见左右，继续追逐你的梦想。

（2）你必须克服恐惧——当你跨出舒适圈，去挑战极限，这是无可避免的。你必须勇于做新的尝试，即使这些尝试可能行不通，还是要尝试。

（3）你必须不畏艰辛——即使其他人都在休息，你还是应该坚持不懈。除非你付诸行动，否则梦想永远不会实现。你必须付出充分的努力做到该做的事，必须竭尽全力去追求成功。

只有你才能够回答代价的问题，并从中看出有没有决心。要放弃现在所拥有的，去走一条新的、希望是更好的路，一定需要很大的勇气。要追求梦想，你必须下定决心，而且尽管你经历了种种艰辛，也不保证梦想会实现。事实上，仔细想想，唯一能保证的事情是，如果你什么也不做，不愿意付出代价，一定无法实现梦想。

关键思维

要比竞争对手强100%是很难的，可是你可以用100种方法比对手强1%。

——里奇·梅尔曼，美国餐饮大亨

不论你决定走哪条路，一定会有人跟你说你走错路了；也一定会出现各种困难，使你不禁相信这些批评。要画出行动的路线并坚持到底，必须要有勇气。

——爱默生，美国作家、思想家

八　毅力

你现在是一天天接近梦想，还是更远离？

如果你有毅力，就会不断坚持梦想，直到梦想成真。追逐梦想的人，每天都会努力朝着自己的梦想迈进。换言之，如果你有毅力：

（1）你会认识到，放弃是因为你的心，不是因为你所处的状况——因此你会一直努力朝自己的梦想迈进。外在形势不会影响你实现梦想，可是你内心的想法会。有毅力的人不会只因为眼前的路看起来充满险阻就轻言放弃，他们会不断前进。

（2）你会注意自己的用字遣词，谨慎挑选——你说的话是很重要的，可以使你朝梦想迈进，或是远离梦想。要让自己更有毅力，千万不要轻言放弃，而是要使用能带给自己力量和动力的字词。

（3）你不会再等到万事俱备才行动——你会勇往直前，善用目前的各种资源。有毅力的人不会坐等时来运转，而是积极去开创机运。

（4）你会用心让自己的想法更成熟——花更多时间去思考自己取得了多少成果，以及如何才能完成后续的工作，以实现你的梦想。成功人士的思考都很正面，他们会做出成果；也能够从短暂的挫败中恢复，并全心去赢得丰硕成果。要有毅力，就必须说服自己，然后努力不懈。

（5）你会不断去寻找所需的资源——带着信心向前迈进。有毅力的人知道，先有愿景才会有资源，而不是颠倒过来。他们怀抱一切终将水到渠成的信念向前迈进。

（6）你会奉行 5 件事法则——你每天都会做到 5 件让自己更接近梦想的事。每天采取行动所累积的效果，就是你将实现自己的理想。

（7）你会提醒自己，其实还有机会——即使当你以为自己已经耗尽所有机会时，因此，你应该坚持下去，不断努力。

关键思维

冠军就是即使站不起来也会尽全力站起来的人。

——杰克·邓普西，美国前重量级拳王

能善用最后结果的人，才会获得最有利的成果。

——约翰·伍登，美国传奇篮球教练

唯一保证会失败的方法就是不再努力。

——约翰·麦斯威尔

九　充实

朝你的梦想努力，是否能带来你所渴求的满足感？

要努力为自己的人生实现远大梦想，就必须付出毫不保留的努力、时间与专注。因此，你最好能够确定，实现梦想会带给你满足感。

关键思维

完成梦想的意义不只在于你所取得的成就，更在于你自己在过程当中的转变。远大的梦想不只是目标，也是一趟伟大旅程的催化剂。如果那趟旅程是对的，而且你对“充实”这个问题的答案也是肯定的话，我不能说目的不重要，可是我要说，就算你没有真正完成梦想，走这趟旅程还是值得的，为什么？因为旅程本身就会令你感到充实。

——约翰·麦斯威尔

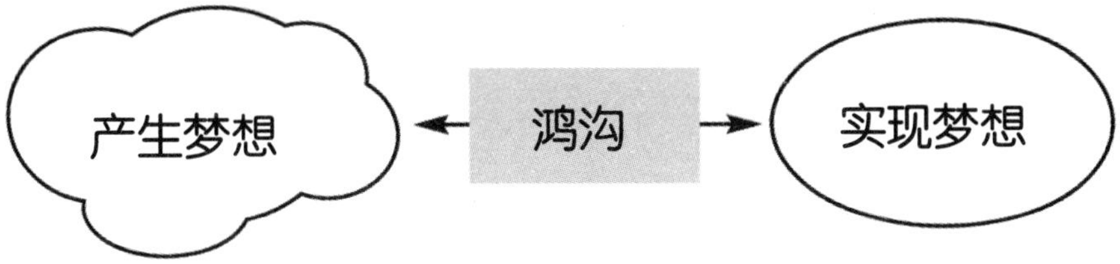

在梦想产生和最终实现之间，总是存在着很大的鸿沟。你必须扪心自问，那道鸿沟到底会带给自己充实感，还是挫折感。如果它会带来挫折感，你在实现梦想的过程中往往会痛苦不堪。如果跨越这道鸿沟可以带给你充实感，那么每一天都是会让你乐在其中的全新冒险。

要持续追逐你的梦想，就必须设法将那道鸿沟转变成持续带来充实感的源泉。该怎么做？可以试试以下几种方法：

（1）把梦想与实践区分开来——用现实主义去调和理想主义。梦想存在于不容许一丝不完美的理想世界，却得在纷乱的现实世界里完成。让两者更为接近一些，你会感到更加充实。

（2）了解鸿沟有多宽，取决于梦想有多大——倘若你追求的是一个雄心万丈的梦想，就要准备面对很大的落差。巨大的鸿沟是稀松平常的事，追求梦想本来就是这样，要努力去走这趟旅程，而不是光坐着怨天尤人。

（3）一路上别忘记继续做梦——这是鼓舞、激励自己不可或缺的一部分。让梦想不断涌现可以让你在遭遇艰难时依然能保持乐观。

（4）学习欣赏自己往正确方向所跨出的每一步——你永远不可能一步就跨越鸿沟，那是不可能的。进展一定是逐步累积的，在实现梦想的过程中要保持耐心。从旅程中获得满足感，不要等到抵达目的地时才让自己放松享受。从旅程中找到个人的乐趣，你的职业生涯就会更精彩。

（5）处在鸿沟中时，要持续发现有趣的新事物——在你一步步前进的过程中，有很多值得看的事物。保持注意力，寻找新的途径以及有趣的见解。让自己乐在其中，你的毅力就会倍增。

（6）千万别忘了大自然的平衡法则——当你处在鸿沟之中，你经历的利弊得失绝对会一样多。乐观主义者和悲观主义者都不完全对，人生中利弊得失一定是平衡的，长期下来往往会相互抵消。持续做好该做的事，让自己的梦想成真，自己就会感到快乐。

事实上，当你做的是自己真心相信的事情时，跨越鸿沟就会带来很大的满足感。每天都会是一场冒险。实现梦想，重要的是过程，或者更确切地说，你在经历过这趟旅程之后成为什么样的人才是最重要的。如果你每天对于充实这个问题的答案都是肯定的，你就会对自己所做的事情感到快乐。

关键思维

如果一个人充满信心地朝梦想前进，并且尽力去过自己想要的生活，他就会取得意想不到的成功。

——亨利·戴维·梭罗

19 世纪美国文学家

成功的道理都是相通的，失败的道理也是。当我们努力达成不平凡的成果，我们就会成功；当我们太快就放弃，我们就会失败；当我们成为自己所在领域表现最好的人，我们就会成功；当我们因为没有胆量抛开杂务而分心时，我们就会失败。

——赛斯·高汀，畅销书作家

十 意义

实现梦想能不能让你最关心的人受惠？

最后一个要问的问题一点儿都不复杂，但却是这10个问题当中影响最深远的一个。你必须思考，自己的梦想能够让谁受惠。除非实现梦想能让你最亲近的人受惠，否则梦想将无法激励你前进。

在任何社会，伟大的人都不是那些最会赚钱的人；能给予他人恩惠的人，才会受到敬重。他们会为其他人的生活品质带来实质性的改变，而这也是你应该效法的。

一般来说，大多数人在人生当中，往往都要在3个不同阶段回答“意义”这个问题：

阶段1 我希望去做对自己来说很有意义的事情

你大概会耗费职业生涯的初期，去为自己奠定能够为之努力、付出的基础。在你有能力做出贡献之前，你无法真正帮助别人。你必须先投资自己，然后才能做贡献。

阶段2 我希望为别人做些有意义的事情

当你越来越成功时，有一天你会问自己："我攀登成功的高峰，只是为了自己的利益，还是会伸出手去帮助别人，让他们也成功？"在你的职业生涯发展到一定阶段之后，你就会开始思考该如何调整自己的梦想，让别人也能受惠。

阶段3 我希望和别人一起做些有意义的事情

你开始去奉献心力之后，你会发现，只要通过些许的合作，就能取得更大的成果。你会开始渴望说动别人认同你的梦想，因为你知道，当一群人朝着同一个目标努力时，连山岳都可以撼动。在这个阶段，你的梦想就会从远大、大胆的狂想，变成可以为社会带来价值的志向。

因此，你要问自己：

◎ 我的梦想是不是和求生存有关？

◎ 我奋斗的目标是成功还是意义？

◎ 这个梦想的力量是否强大到应该投入人生与职业生涯去追求？

能够成功当然很好，然而真正重要的是人生的意义。明智的人会设法让自己为社会做出更多贡献。他们梦想远大，而且会吸引别人一同为自己的梦想努力。他们会努力让世界变得比自己所体验的世界更美好。当你设法为自己找出“意义”这个问题的答案时，说不定你会发现，你最后也能达到同样的境界。让梦想实现！

要实现梦想，在上述10个问题当中，就不能只有一两个问题的答案是“是”。回答“是”的次数越多，实现梦想的机会就越大。这是好事，因为当你完成梦想，世界就会变得更美好。

关键思维

你来到人世不只是为了讨生活，你还要让大家过得更富足，具备更宏观的视野，并拥有追求希望与成就的卓越精神。你来到人世是要这个世界变得更丰富。如果你遗忘了这项使命，你将会变得贫乏。

——伍德罗·威尔逊

我所完成的每一项发明，都是从能够为别人带来什么好处的角度去思考的。

——托马斯·爱迪生

我从浪漫主义者身上注意到一件事：他们会设法从乏味的日常生活当中营造出更美好的新世界。那也是星巴克的目标，我们试图在店里创造一个绿洲，一个社区里的小角落，你可以在这里借着一杯咖啡的时间，休息片刻，听听爵士乐，或是思量宇宙、人生，甚至异想天开的问题。谁会梦想有这样的场所？就我自己的经验而言，我会说，你的出身越平凡，你就越可能运用自己的想象力创造出凡事都有可能的世界。

——霍华德·舒尔茨

梦想是可以再生的。不管我们年龄多大，身体如何，在我们身上都有未开发的可能性，新的美好总是等着诞生。

——戴尔·特纳，美国小号乐手

用 20%就能成功

The 80/20 Individual

How to Accomplish More by Doing Less—
the Nine Essentials of 80/20 Success at Work

原著作者简介

理查德·科赫(Richard Koch)，成功的创业家，投资范围包括旅馆、餐厅、笔记本电脑和酿酒等产业。著有《80/20 法则》与《80/20 革命》。

本文编译：庄靖

主要内容

5分钟摘要

80/20 九大成功法则

80/20 指 80％的成果来自 20％的努力。80/20 工作族了解这点，尽可能把每天的时间投入在这 20％的高效率工作中。为实现这个目标，他们会运用下列九大基本法则。

80/20九大成功法则

1. 培养最具创意的20%才能
2. 开发自己最棒的新点子
3. 把重心放在关键利润来源上
4. 善用时间
5. 知人善任
6. 充分运用各种资源
7. 和其他企业合作
8. 看紧自己的资金
9. 累积成功

80/20 工作族能够找到自己的优点，然后有计划地充分发挥所长。他还会从周遭找到一群能相互取长补短的人组成事业团队，从而得以把自己大部分时间和精力花在最有价值的事情上。

关键思维

80/20 法则让我们能够以小博大、展现个性、丰富世界、实现人生价值。一旦我们懂得如何控制并开发个人的重要特质，便成为所谓的 80/20 工作族。人人都可以成为 80/20 工作族，其最大的限制不在于有没有需求、科技、资金或组织，而是无法发挥个人的想象力和决心，不懂得套用早已成功的公式，没有依个人需求修正并反复验证。

——理查德·科赫

一　培养最具创意的20%才能

每个人都有自己的长处。80/20 工作族能够找出自己以小博大的20%才华，并据此安排日常工作，尽量把时间花在上面。他也懂得努力培养、强化自己这20%的才华和能力。

社会中取得很大成就的人都不是全才，他们在一两个领域中表现突出，出人头地。你也应该采取类似的做法，与其面面俱到，不如找出自己最擅长的20%，把另外80%的工作交给别人。

每个人都是独一无二的个体，自己擅长的20%通常与别人不同。不要逃避或掩饰这些个别差异，要接纳、发挥并善用它们。要在自己有潜力的领域内尽情发挥，期待有一天能够有很大突破。

真正有成就且杰出的人，从不认为自己该做

大家都在做的事，他会不断寻找能发挥并运用个人才华的新方法。他会找出最能发挥自己长处的工作环境，若找不到，也会自行创业来满足这种需求。你也该依葫芦画瓢。

培养最具创意的20％才华的方法如下：

（1）辨识自己最擅长的20％才华。检讨自己都把时间花在哪儿了，记下自己最有兴趣且花最多心力的活动，这很有可能帮助你找出最擅长的20％。通常这也能取得较大成果，因为你会感到愉悦与满足。

（2）开始训练、磨炼、提升个人才能。认真思考如何能够提升个人才能。例如检讨自己还有哪些可以改进的空间，培养并经常练习这些技巧；研究同事都采取什么做法；听听该领域专家学者的建议。以自己最具价值的20％才能为基础，培养个人特有的风格。

（3）组成团队或伙伴关系。辨识自己表现最杰出的20％才能，想想要争取哪些伙伴或团体帮你处理那剩下的80%工作。要真正发挥效率，就必须接受别人的协助。如果这些人是你的工作伙伴，而非员工，你的工作环境就会更愉快。让他们和你分享全体努力的成果，因为他们在你比较不擅长的领域贡献了才智。

关键思维

讲理的人改变自己以适应世界，不讲理的人则改变世界以适应自己。因此所有的进步都该归功于不讲理的人。

——萧伯纳，爱尔兰剧作家

二　开发自己最棒的新点子

成功的商业点子总有成功先例，因此若想找出新的商业点子，不妨设法在自己感兴趣的领域中找出最成功的20%点子，再加以修改，为这些点子注入新生命。

80/20法则也适用于自然界的物竞天择法则。在商场上，80/20法则意味着不论从事哪个行业，企业80%的获利来自20%的业务。因此要找到能让公司名利双收的新商机，最佳方法就是看看那些经市场证明大获成功的各家点子。牢记这些点子，然后想想看可以做些什么改变，让这些点子更成功。也可以试着混合两个好点子，看能不能产生更有创意的新点子。或者，考虑能否把这些成功的点子重新打造，以全新面貌引进市场。再不然就试着在过去成功的点子中加进一些新鲜成分，看能否产生更精彩且可持续发展的点子。一旦想出好点子，就该告诉自己信赖和敬重的人，听听他们的看法。也可做个小规模的市场调查，与潜在顾客谈谈，了解顾客的想法；或询问一些创投家或其他投资者对你的点子有什么意见。

根据反馈了解到自己的点子有趣但不可行，就该放弃。也可以制定验证概念的原型，继续朝既定的方向改进。

要增加获得切实可行点子的机会，就必须做到以下几点：

（1）新点子是根据不同领域或行业中大获成功的点子改良而来的。也就是说，新点子应结合其他制胜点子的特性，并针对新产业或新市场有所调整。

（2）针对新点子想出许多不同版本，并证明现有版本是在所有开发、测试过的原型中最卓越的版本。

（3）取自不同来源的新点子是独一无二的——没有人尝试过你所提出的形式。因为没有人能像你一样，跨越两大产业或熟悉不同法则。

（4）现有点子比原始点子更经济，因为：

◎ 价格相同，产品或服务的品质更优秀。

◎ 成本更低廉的类似产品和服务。

◎ 提供某种实惠的条件。

（5）新点子是运用自己与伙伴20%的擅长。也就是说，这个点子是结合自己与他人的长处，能够创造独特成果。

要开发并调整业务新点子，必须考虑下列几件事：

（1）界定领域。清楚界定自己想要开发的新业务，接着检视其他产业中表现优异的成功点子，找出这些成功点子的策略、经营模式和观念，以供参考、复制。构思各种可能的想法，作为界定领域的起点。

（2）筛选出精要点子的名单。删除次要点

子，只留下20%最受顾客欢迎、最有经济效益或有其他好处的点子。找出、聚焦对自己有利的点子，重复几次这样的过程，得到3～5个最佳点子。

（3）开发独特组合，并花点时间酝酿这些点子。注意是否有独特的新手法组合这些好点子。反复思考这些组合，并在心中酝酿一段时间。设法找出2～3个值得尝试的不同组合。要牢记，点子是否独特取决于下列六项因素搭配的结果：

◎ 产品。

◎ 服务。

◎ 时间（产品及服务的设计或传递方式）。

◎ 顾客群。

◎ 地理位置。

◎ 活动种类及附加价值的总和。

（4）测试哪些组合成功。接下来应该衡量潜在顾客的反应。可以问别人有何看法，选两个点子请大家比较，直到找出大多数人赞同的点子为止。

（5）试算一下。找出这个伟大点子的基本经济面，除非你能证明这项投资回报会很大，或是有比现有产品及服务更高的利润，否则不会有人感兴趣。针对这个新点子，拟出诱人的商业提案。

（6）运用 80/20 法则。找出新点子中 20％能产生 80％附加价值的部分，想想该如何在这方面有所发展。同时也要尝试加减各项要素，看会有什么不同结果。可通过观察类似市场，了解在那些利基市场中新点子是否一样有效。

（7）不断重复，直到建立信心为止。不断重复上述步骤，不断调整想法，直到自己有信心一定会成功。接下来，只需找齐资源，吸引志同道合的伙伴，等待启用新点子。

关键思维

其实并不一定要创立新公司才能构思新点

子，创造更高价值。80/20工作族在团队中也能做到这点，或者加盟另一家愿意接纳新点子的公司。自问能否想出新点子，以简化或提升公司业务（或其中的关键部分），让公司业务更宽广、更吸引人？团队内有没有良好的新产品，足以成为全公司的明星产品？自己能不能想出并开创一些全新的做法？别只会说，主管不会让你这样做，应该先思考这个点子，做些规划，再去问主管。如果得到否定答案，就带着这些创意投奔竞争对手，或干脆自创公司。

——理查德·科赫

三　把重心放在关键利润来源上

要增加利润，就该运用80/20法则重塑经营模式。这意味着要有辨识现有业务中最具利润部分的能力，并以此为基础扩展业务，开发息息相关的新商机。

若要业务持续发展，就必须定期停下脚步，分析该把心思放在哪里。运用80/20法则，就可以辨识下列三项主要商业范畴中，哪个（20%）能创造80%的利润：

◎ 员工——包括公司员工和企业伙伴。

◎ 顾客——包括现有和潜在顾客。

◎ 产品和服务。

只要把焦点持续放在这些关键的少数员工、顾客、产品及服务上，并经常调整，长期下来，就能增加公司的经营获利模式。

以下是与关键的20%员工息息相关的重要事项：

(1) 找出最具生产力，最能节省成本的员工。找出这些员工的共同特点，你可能会发现，基层员工远比中高级员工更能为公司创造利润。

(2) 改变企业结构，多聘用最能为公司创造利润的人才，减少其他员工。这或许需要彻底改变公司的经营模式，但只要分析正确，的确会大幅提高公司绩效。比如尽可能多聘用基层员工，减少管理层人数。

下列是与关键的20%顾客息息相关的重要事项：

(1) 在现有顾客群中，找出最能为公司带来利润的顾客。依据下列条件，列出最高利润来源的顾客：

◎ 收入所得。

◎ 需要的服务和要求的条件。

◎ 一般订单量。

◎ 产品或服务的购买数量。

◎ 主要的产品或服务。

◎ 个人偏好。

◎ 是不是企业的高级主管。

◎ 其他统计学上的共同特色。

显然你需要多一点这样的顾客。只要花点时间分析顾客组成，未来就更能了解如何针对这群顾客进行营销活动。

（2）找出因公司产品和服务获得最大附加价值的顾客。相同的产品或服务，对不同的顾客而言，可能会产生完全不同的价值。辨识哪些顾客最能充分利用你们的产品和服务的价值，就可以不费吹灰之力找出商机，以更高的价格卖出更多产品和服务。还可以设计附加服务和产品，提供给让公司获利最高的顾客；也可以规划设计一些组合式交易，使之对这群顾客更具吸引力。

一旦确定了哪些是让公司获利最高的员工和顾客，就能专心做个高效率供应商，提供给顾客高度重视的产品和服务。若想了解自己该往哪个方向发展，就该研究行业中获利最高的企业，想想那些企业和其他公司有何不同，再想想该怎么做才能做得比获利最高的企业更好。通常答案是下列七大诀窍的组合：

（1）由小处着眼。只专注在一块细分市场或利基市场上，在这个市场中好好表现。比如BMW推出舒适宽敞的摩托，而不求主宰整个市场。

（2）由大处着手。把先前只出现在某个细分市场的产品和服务推广到更大的市场上。例如，苹果电脑让电脑由商业市场走进消费者市场。

（3）提升产品与服务至高价值市场。每个大众市场都有一个相对应的利基市场，以这个市场中的消费者为目标，他们愿意多花钱购买一流产品或服务。只针对目标市场提供产品，例如法拉利就不像福特汽车一样销售多种汽车。

（4）针对大众市场。简化原本只提供给富有消费者的产品和服务，提供给一般大众消费市场。比如快餐店就以价格导向为焦点。

（5）成为价值领导者——提供多一点儿或少一点儿的产品或服务。可以自行加入更好或更多的服务，或是删除不必要的部分，以提供更好的价值。例如美国西南航空公司通过精简服务，达到快速、可靠和平价的目标。

（6）运用直销渠道。削减经营店面或向批发商供货的费用，直接销售产品和服务给消费者。戴尔电脑公司就利用这项竞争优势建立业务。

（7）集中火力，找出最有利的工作；集中心力，忽略其他不相干的事情。任何企业都有事半功倍的杠杆点，它能让公司以最少的资本获得最大效果。找到并善加利用这些杠杆点。耐克就是通过这种方式成功的，外包劳动密集工作，如生产制造和零售，专心致力于运动鞋设计，打造品牌。

关键思维

企业整体都有极高获利的情形并不多见。运用 80/20 法则找出企业最有利可图的部分，以此为基础，在企业内外找出新商机。运用 80/20 法则增加获利，并不是要你新创公司。只要经理人能够重整现有业务，改进资金运用情况，也可达到相同效果。你的目标该是成为更有吸引力、更高利润的企业，这通常需要改变顾客群（针对更小但获利更高的顾客），以及改变经营模式（改进服务新顾客的方式）。

——理查德·科赫

四　善用时间

80/20工作族懂得以20％的时间创造80％的附加价值。因此能心无旁骛，使自己有独特的表现。

不论做什么，时间都是最重要的一环，更是产品、服务和经营模式成败的关键。一般说来，只要省下越多时间为客户或顾客服务，他们对公司产品和服务的评价就越高。

了解这点后，就可运用下列方法增加时间价值：

（1）找出压缩交货时间的方法。设法把过去交货或提供服务的时间缩短一半。理想的状况是，应该通过删除产品或服务中无关紧要的步骤达成此目标。也可以提出自助式选项，或采取及时交货概念。找出缩减交货时间的方法，顾客一定会喜欢这个点子。

（2）拟定详细的缩减时间方案。排列并三思交货或提供服务所需的步骤，看看哪些流程可以加速，或同时进行两项以上的工作。检讨能否整合员工的工作，并实际执行。

（3）找出最有价值的活动，想办法增加这些活动的时间。举例来说，若能在创意思考上花更多时间，不做重复性工作，公司就会更加有条不紊地运行。也可以请人包办价值较低的工作。但一定要在自己能确认什么是最有价值的活动后，才选择这些做法。

（4）把个人的高价值活动与新点子联系在一起。尽可能把时间花在最有创造性的活动上，借此设计新业务内容。创造能够让自己发挥所长的环境，安排适当的基础设备，然后把时间尽量花在让自己独一无二的活动上。

关键思维

时间是商业要素之一，与产品、服务、经营密不可分；时间也是个人的要素之一，与创造的财富息息相关；时间更是80/20工作族工具箱中的工具之一。要是你模仿得比别人快，就能把事情做得更好。一旦在产品生产、服务及创业这三件事上都有惊人的生产力，并节省大量时间，就为进行杰出业务打下了坚实的基础。速度与价值关系紧密，有时光是速度就可以决定价值；真正的价值取决于个人在技巧与速度上所展现的能力。未来新事业应该是提供独特、卓越时间价值的组合，而那是别人无法创造的。

——理查德·科赫

五 知人善任

团队中80%的成果由20%的员工创造。80/20工作族能聘用并留住具有高生产效率的员工，创造合适的环境，让他们发光发热。

表现杰出者在任何领域的表现，都与一般人极为不同，一方面是因为他们才华出众，另一方面也是加乘效果的影响。80/20工作族擅长化才能为财富，不论是为自己还是为团队。这种善用才华的能力和80/20工作族可以产生相乘效果，其生产力是一般员工的16倍。

如何辨别、聘用、留住杰出的80/20工作族呢：

（1）了解聘用创造财富者的益处。不论哪个商业领域，都有一些特定技巧，远比其他才智更能创造财富。要准备以高薪酬聘请拥有这些重要才能的人。即使支付的薪水比一般员工多五成，还是划算，因为他们的效率是一般员工的16倍。

（2）善于协助新手发挥才能，转为财富创造力。一旦聘请既有才能、又有干劲的人才，接下来的挑战就是协助他们了解在产业中成功的必要条件。例如在商业咨询业中，光有才智仍不足以出人头地，成功的咨询师必须与客户保持良好关系，并能有效组织团队。甄选出最懂得发挥自我潜能、创造财富的人后，还必须主动积极地加速他们发挥才能的过程。

（3）及早行动，雇用潜力尚未完全被人注意或发现的新秀。以高于新秀目前身价的薪酬聘用他们，着眼于他们未来创造的财富。若新秀表现不符合预期，也可以协助他们在该领域其他公司找到工作。

（4）聘用敢于挑战的员工。与其聘用只求安身立命的员工，不如聘用敢于挑战的人。聘用比自己更有潜力为公司创造财富的人是公司进步的重要途径。此外，也要聘用有潜力成为合伙人的人才。

（5）留住最好的人才。新进人员一旦过了学习阶段，开始展现真正创造财富的技巧，团队就该提供相当的报酬，让他们觉得待在这里是值得的。唯一适当的做法就是提供有意义的股份。金钱固然重要，但拥有股份更能鼓励这些才华洋溢的人才。与他们合伙，并享受追求高成就带来的乐趣。

（6）开创并形成公司特有的良性循环。一旦有一群核心员工，就会发现未来很容易吸引更多的财富创造者。要多发挥这个优势。若有员工离职，就该找个更优秀的人，持续这个良性循环，创造企业的动力源头。

（7）鼓励多元化——聘用各种人才。若只聘用和自己一样的人，就会降低公司效率。多元化有利于企业，能为公司挹注新的想法和工作方式。因此要有心理准备，雇用一些自己并不喜欢的人才，也让他们替公司创造财富。从长远来看，不同的想法对公司有利无害。

（8）永远以合伙关系看待员工。大部分80/20工作族都会发现，与才能互补的同事一起共事效率最高。如果想自行创业，就该先与志同道合的伙伴形成密切的合伙关系。这不仅能增加成功概率，也会让创造过程充满乐趣，在情感上获得更多回报。

（9）和其他80/20工作族保持联系。即使有些80/20工作族不再为公司工作，依旧要和他们保持联系。继续跟他们交换投资机会、商业先机和人才情报。协助这些80/20工作族找出并开发创造财富的点子，他们必将回报你。

关键思维

聪明才智不会变成财富，否则大学教授岂不都变成了百万富翁。许多人都想知道，为什么有些商业人士虽没有多了不起的聪明才智，却十分有钱。努力工作也非最佳答案，因为很多人努力工作，却从未致富。或许运气很重要，但那只是人们在无法解释或掌控命运时常用的词语而已。真正的答案是，这些人的基因里有生意人的基因，使才华化为财富。我可以肯定地说，像比尔·盖茨或巴菲特这样的人，创造的价值（以资本市场衡量）是我们的数百万倍，但这些人并没有比我们聪明数百万倍，他们有在特定领域中找出最好的点子并发扬光大，以及找出创造财富方法的天赋。你也可以做到。

天才这个概念，是指某些人比其他人聪明百倍，但它却无法解释为何天才能缔造巨大的成果。其中的奥妙在于杠杆作用。不论在科学界还是商界，天才的秘诀都在于他们能把聪明才智转化为加乘效果。

——理查德·科赫

六　充分运用各种资源

80/20工作族打造出一种有效运用组织创造财富的环境，包括自创新公司。80/20工作族更懂得与现有员工结为伙伴关系，共创事业新高峰。

运用80/20法则可以产生为企业带来极大收益的新点子。为了争取适当报酬，你可能会决定离开公司，自行创业，但也很可能因为喜欢现有的工作与同事而不愿离职。在这种情况下，不妨考虑向雇主提出在公司内部创业，让自己有拓展发挥的机会。

有许多不同的安排可以帮助80/20工作族达成目标，让他们自我掌控并为结果负责。关键在于他们能否在谈判中占优势。如果提出的新点子可以增加未来的现金流量和利润，就有很好的谈判筹码。

还有一些可供参考的选择：

（1）开创新事业。开创新事业的好处是可以主宰一切，包括自己的酬劳。不利之处是得放弃既有的顾客、技术、同事和品牌，并自行寻找资金来源，这可能需要很大的努力。此外，一切重新开始，自己可能必须在不擅长的事情上花费相当多的时间。

（2）管理层收购公司。管理层收购公司意即经理人自行筹款，从现任老板手中买下整家公司，资金来源为公司未来的现金流量。若是你的点子能在未来创造新营收，这就是个合适的选择。不过坏处是，只要绩效退步，后果就十分严重，因为资金提供者会以极严苛的标准要求你。管理层收购公司的做法会造成极大的压力。（管理层收购，Management Buyout，MBO，意即公司的管理者通过购买公司的一部分或全部股份获得公司的控制权。）

（3）取长补短。要是前述两种方法都不适用，以下还有许多取长补短的组合方法：

◎ 提出正式的利润分享计划——让老板同意以点子所创造利润的适当比例作为酬劳。

◎ 提出内部创业计划——在企业内自创新公司，发挥新点子。

◎ 建立合伙关系——与现有的老板合作开发新点子，以分享未来利润及其他收入。

◎ 拟定授权协议——让老板采用你的点子，同意支付固定百分比的利润所得。

◎ 让某个单位独立出来——独立经营。

◎ 正式成立合资企业——与老板共同利用自己的点子。

关键思维

80/20 法则适用于个人与小组团队，能够以完全合乎道德的方式开发自己的企业。80/20 工作族为公司找出新方法，成功地将致富点子发挥得淋漓尽致，或是加点新手法创造出独特甚至更有吸引力的创业计划。80/20 工作族可以遵循传统路线开创新企业，或是和现有公司达成协议，共同开发新点子。还有一种混合型解决方案，就是现有公司和 80/20 工作族合资共组企业，既可为原公司增加利润，也可让 80/20 工作族以较低风险、更能满足合资双方需求的方式成功制胜。合资可创造更大的企业和更多的财富。

80/20 工作族可以一半在企业内，一半在企业外，同事间依然保持接触和合作关系，但工作内容却是其他新创业务。对 80/20 工作族而言，这样的组合安排远比传统选择高明。传统做法是 80/20 工作族继续留在公司内为企业所用，或另新创企业重新开始。

——理查德·科赫

七　和其他企业合作

一旦找出业务中最具价值的20％后，就把剩下的80％业务外包出去，让其他企业帮你处理杂务，你自己专注于创造最大财富的业务上。你甚至可以考虑委托竞争对手做那80％的工作。

只有80/20工作族能真正做到与其他企业合作，因为他们了解创造财富的真正动力所在。此外，几乎所有产业都有产能过剩的情形。如果能接触合适的公司，他们必然会乐于接受委托，负责只有边际价值的工作，以增加其资源的运用。这是最理想的状态，这样你就可以专心投入到有利润且有趣味的工作上。

要追求成长，就得活用其他公司的方法，以下是一些可供参考的方法：

（1）深思自己缺乏的要素。许多成熟公司已有自己的品牌及其他资产，但欠缺想象力和对区域市场的了解。若能利用这些现成条件解决你所知的现存问题，就会比自行创业解决问题要轻松得多。因此，要运用创意思考，找出大企业忽略的利基市场。接着想想如何运用，如成立合资企业、签订权利金协议、制订盈余共享计划或做出其他合适的安排。

(2) 俭约。只针对有赚大钱潜力的计划努力。机会俯拾皆是，不该把时间精力浪费在不会有高报酬的机会上。聘雇员工前也要三思，是否该把这些工作外包给提供这类服务的公司。同样，不论做任何事，都要找出低成本的方法。

(3) 辨识长期合作的可能性。若只做一次交易，对方的品质就不重要，重要的是交易细节。若希望建立长期合作关系，对方务必是家高水准的公司，因为长久下来的多次交易会对公司造成重大影响。

(5) 尝试和其他的 80/20 工作族交易。每当和其他公司交易时，也应该辨识出该公司的80/20工作族，并与其合作。找出激励这些80/20工作族行动的动机，并让自己的提案推动他们行动。这样的做法也能替未来合作奠定良好基础，因为这些80/20工作族会继续发展他们的职业生涯。若能提出这些80/20工作族欠缺的市场信息，未来就能达成更多的交易。

关键思维

不论你是否相信，再也没有比现在更好的成长契机了。需要投资产能才能成长的时代已经过去，当今成长需要的是新点子、新灵感、新经营模式、既有成功模式的新变化，以及更新、更好的新服务。过去，实体才是成长的本质，如今则是知识。

——理查德·科赫

八　看紧自己的资金

今日财富并非由所有应用资金创造，而是由一小部分资金加上有力的新点子和提案创造。也就是说，一点儿资金加上来自80/20工作族的创意，就是当今社会财富的主要产生方式。

以下是80/20工作族有效运用资金的方法：

（1）资金只有在有更多收益时才去动用。分析自己筹得资金的所有收益。如果每募集一块钱不能赚回三块钱的话，打从一开始就不必费心去筹措。留下创造财富过程中的追踪记录，并小心监控它。

（2）持续减少对资金的需求。尽量运用其他公司的产品和服务，想办法让其他公司自筹资金来提供给你所需的产品和服务。

（3）一开始就要筹措比实际所需更多的资

金。开始筹措资金固然困难，但资金用尽后继续筹资会难上加难。所以一开始就要筹措比所需更多的资金，以避免这种困境。

（4）投入部分自有资金。这非但是个人能取得的最便宜的资本，而且也足以证明你相信自己的计划。

（5）了解不同来源的资金成本。找出自己能募得的成本最低的资金，这通常是由其他公司所提供（外包费用），或向顾客预先请款。只有在这些资金来源都用罄时，再求助其他代价较高的资金来源，比如朋友、家人、银行借贷、现任雇主或是和其他公司策略结盟等。

（6）关注现金流量。每年都要计算每项经济活动的资本报酬率。找出报酬特别高的20％业务并扩展，这样便可渐渐停止为其他业务筹集资金了。

（7）把资金提供者当作最重要的合作伙伴。认真看待自己的义务和计划，确定自己的表现超过资金提供者的期待。采用他们的独到见解和建议，并坦诚地讨论问题，把他们当成新事业最重要的合作伙伴。

关键思维

新点子和80/20工作族能让业务继续发展，资金则记录了表现。没有听说过有好企业却无法让资金成倍增长这回事。高资本报酬率是鞭策杰出表现的最佳利器。一旦自己觉得资金宽裕，就该离开那家公司，重新开始。

——理查德·科赫

九　累积成功

对 80/20 工作族而言，最大的挑战并非推出新业务之时，而是在新业务开始迈向成功之际。此时不是停下来享受荣耀的时候。要继续努力，直到取得极大成就为止。

业务成功之际，就是可以大规模进行试验之时。你得改变做法，尝试是否能更进一步加速成长。要让新业务以健全的速度成长已不容易，但 80/20 法则可一再适用。不断试验，直到真正找出业务中举足轻重的 20%，并一再改进这些业务。试验是把一般的成功故事化为杰出表现的关键。

幸运的是，对以个人为中心的企业而言，未来一片光明。现在大部分明星企业都是由提供智力资本的关键人物经营，对 80/20 企业领导者而言，在没有大企业环伺的情况下，要改变产业越来越容易，因为许多商业活动现在都可以外包出去，并且有效管理。那也意味着，80/20工作族不再需要大笔资金或大群中层经理人才能发挥影响力。这一切都预示着80/20工作族有美好的前景。

在所有产业和专业工作中，创造最多价值的顶尖人物报酬都特别高。有越来越多的80/20工作族受到鼓舞，和志同道合的伙伴自组小公司。如今个人已经取代了企业，成为市场的有机组成部分。越来越多的大公司现在以关键人物为中心组建团队。随着这种趋势的发展，越来越多的财富开始从大企业流向80/20工作族。

总而言之，对80/20工作族而言，未来特别光明。然而真正的挑战出现在财富大规模转移之前，而非转移之后。

关键思维

不论是经理人还是创业家，都别再犯我曾犯的错，以为成功或重新转型的新业务能保持多年不变。其实在 3～4 年，就该以成功为基础，设法延伸、扩展业务，考虑下一步该如何走。你要一再试验，直到探索出市场真正喜欢的模式。成功需要更迫切的改变，遵循物竞天择的淘汰法则，只要没失败，就继续修改。

业务成长最有力的武器，就是由个人和小团队有创意地运用 80/20 法则。80/20 法则可以发挥各种力量，尤其是无形力量的作用，让世界为之瞩目，并让顾客以更少的花费（金钱、资源、时间、空间和精力）获得更多报偿。

80/20 工作族的创造力就是重点所在。并不是因为他们的头衔或职务角色，而是因为他们的作为，因为他们是独一无二的个人，而非机器的一部分。

——理查德·科赫

你拿什么衡量自己的人生

How Will You Measure Your Life

原著作者简介

克莱顿·克里斯坦森(Clayton M. Christensen),哈佛商学院企业管理学教授。1997年出版代表作《创新的两难》,以破坏式创新理论,奠定创新大师地位。出版多部著作并发表上百篇文章。毕业于杨百翰大学、牛津大学和哈佛商学院。

詹姆斯·奥沃斯(James Allworth),哈佛成长兼创新论坛成员。毕业于哈佛大学商学院和一所澳大利亚国立大学。

凯伦·狄龙(Karen Dillon),《哈佛商业评论》前任编辑。她曾经担任《Inc.》商业杂志副总编辑和《美国律师杂志》编辑及发行人。毕业于美国康奈尔大学和西北大学新闻学院。

本文编译:黄玩

主要内容

主题看板

安身立命

熙熙攘攘的职场生涯中，许多人卷入忙碌无歇息的工作与充斥焦虑的生活，追求所谓的成功，几乎忘了人生的初衷。其实，要定义人生，老祖宗早已给我们启示，由孔孟开始，中国儒家传统的安身立命原则就告诉我们安顿身心的道理。

如何衡量你的人生？面对回归本质的问题时，无论中国还是西方，讨论的议题其实都是一样的。

我们以工作实现自我，供养家人，却往往因为内外界压力的一路追逐，忘了工作所为何来。因此，谈论到幸福的职业生涯时，经济上的保障、工作的热情，以及珍惜机会、展开计划逐步实践，朝自己想要的目标努力等，都是前提。

职业生涯（位居高位只是选项之一）稳定之后，就应安排围绕自身的各种关系，在朋友、家人、亲子等关系中，你可以尝试有效地分配时间，给予孩子更多的陪伴，设身处地地了解、对待你重视的亲友并建立亲密的人际关系网络。

更重要的是保持正直的人生。在外总有许多名利的诱惑，你可能撤守人之所以存在的基本价值。我们总以为小小的逾矩不会有什么关系，却忽略了大病由小患开始的道理。

要让人生朝自己的目标前进。当你找到了衡量人生的标准，严格地遵守，你自然就可以获得身心的安顿，幸福也就在那儿等着你。

5分钟摘要

找对衡量成功的指标

认清可以用来衡量人生的真正指标。它不是你获得的头衔、你收到的奖励、你个人银行的账户额度，或是其他类似的事物。希望到了最后，我们都可以被最有意义的指标评定为成功。

要真正弄清楚自己的人生是否成功，你必须回答3个问题。

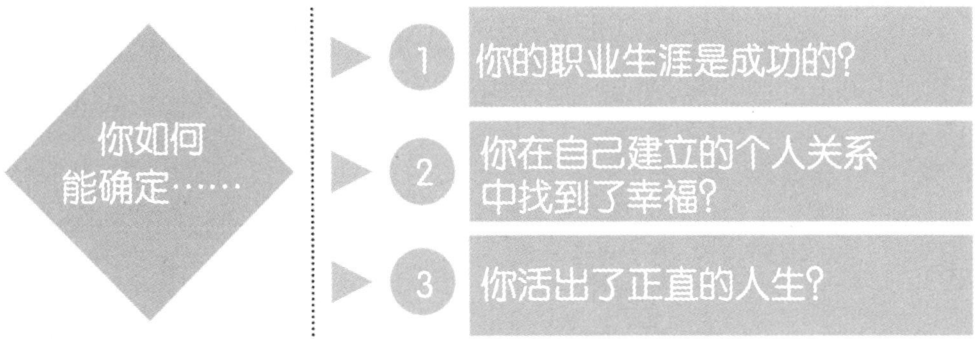

尽管有许多人备妥权宜之计和现成的解答想卖给你，事实上你将花上一辈子面对这些重要且

棘手的问题，找出属于自己的答案。

重点不在于你得到的结论——反正它很可能随时会改变——而是你用来达成这些结论的方法。确定你运用的是可得的最稳当的方法，这样你才能向自己真正渴望的人生迈进。这一点是让这段旅程变得有意义的关键。

一　在职业生涯中找到幸福

世界上最棒的感觉之一就是在每天醒来的时候，想到自己是多么幸运可以靠现在从事的工作维生。这种事不会突然发生，要做到并加以维持，你需要一套包括3个构成要素的策略：

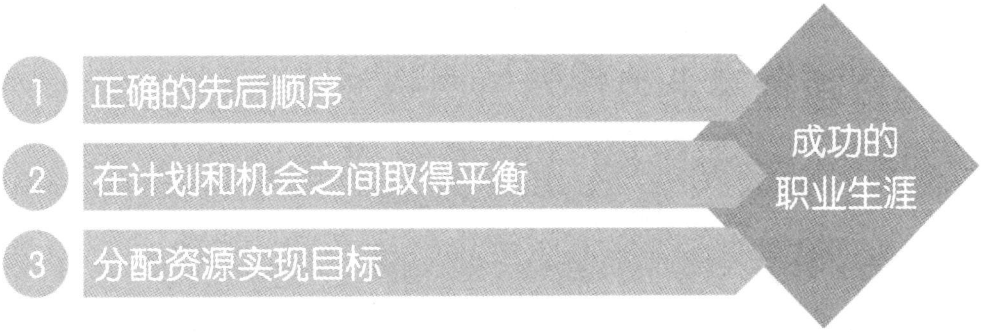

要素1：正确的先后顺序

在企业界，有太多理论告诉你什么样的事物能够激励人们有所表现。从20世纪70年代中期到现在，奖励机制变成了重点——如果想要人们有好的表现，你就必须给他们更多的钱，还要安排好所有奖励机制。这种想法非常好，但是却有某些例外情况是这种理论无法解释的：

◎ 在世界上最努力工作的人当中，有一些人受雇于非营利和慈善机构。

◎ 军队会吸引一些杰出的人才，他们在那里赚到的钱比在私营企业相对要少一些。

有了这层认识之后，又出现了被称为激励理论的理论。它认为奖励和激励是不同的事物。激励可以被定义为让人们因为想做而去做某件事。激励理论区分了两种类型的因素：

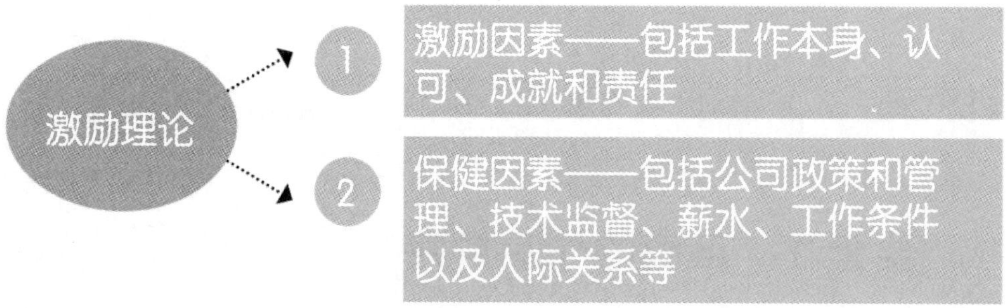

如此一来，金钱或额外补偿看起比较像保健因素而非激励因素。如果你的薪资太低，你会注意到它，一旦你获得合理的待遇，就算多赚个

10%也不会让你工作得更起劲。真正的激励因素是一种让你觉得完成后能够做出有意义的贡献，并促进个人成长的挑战性工作。它让你热爱自己目前的工作，并且拿出最佳表现。

关于职业生涯，人们很容易将自己赚到多少钱作为成功与否的唯一标准。对于贸易商或销售人员来说尤其如此，对他们来说金钱就是成功的指标，直接与销售数字对应。当然，如果你的压力来自取回自己当初在优质教育上所做的投资，赚钱多少当然是重要考虑，但是它绝对不代表一切——特别是当你深陷在自己痛恨的工作中，却又觉得自己无法负担放弃的后果时。

金钱并非就是让工作不愉快的根本原因。当它变成凌驾一切的优先项目，尽管物质上已经得到满足，要达成的任务却仍然只是赚取更多金钱。

金钱虽然是一种衡量工作成就的合理标准，却不是唯一的标准，而且对绝大多数人来说，它甚至不是最重要的。做某件可以改变世界的事，或是处理某个影响很多人的棘手问题，可能都是非常有威力的激励因素。同样，有机会学习新事物，或是集合一群顶尖人士完成某项大家都认为不可能的任务也是。

俗话说："找一个自己热爱的差事，那么你这辈子就完全不用工作了。"现实是，如果你找到一份真正喜爱的工作，它的报酬足以让你的家庭拥有安全的经济基础，你又能在当中找到某些和你的价值观产生共鸣的东西，那么比起那些只是为了应付账单而不得不工作的人，你便拥有明显的优势。你会在工作中投入更大的努力，让你有非常优秀的表现，通常这也代表你会因此获得很好的报酬。妥善处理事情的先后顺序，其他一切就会水到渠成。

关键思维

要对幸福进行一番有意义的探索，就不能不

去了解让我们行动的动机是什么。我们陷入不快乐的职业生涯，甚至是不快乐的人生，通常源于我们对于真正激励我们的事物有根本的误解。

人们对于什么能赚到钱，什么能带来快乐，很容易混淆不清。在评估不同的工作带来的快乐时，你一定不要混淆了其中的相互关系与因果关系。我们必须谨记，在超越某一特定限度之后，金钱、地位、报酬和工作等保健因素，充其量不过是乐于工作产生的副产品，而不是主要因素。了解了这一点，我们就能够把精力放在真正重要的事物上。

我们许多人最容易犯的错误之一，就是专注在过度满足那些代表事业成就的有形排场——更好的薪资、更响亮的头衔或更棒的办公室，误以为那些事物会让我们快乐。毕竟我们的朋友和家人就是把它们当作我们事业成功的指标。一旦你把焦点放在工作的有形层面，你就是在追逐海市蜃楼。你以为下一次加薪会是能够让自己快乐的事情。这是毫无指望的追寻。激励理论指出你必须问自己和大多数人不一样的问题：这份工作对我来说有意义吗？这份工作让我有成长的机会吗？我会学到新的事物吗？我会有机会得到认同并有所成就吗？我会被赋予责任吗？这些才是真正能激励你的事物。一旦你把这些事处理好，那些工作上比较容易衡量的层面就会逐渐失去重要性。

——克里斯坦森　奥沃斯　狄龙

要素2　在计划和机会之间取得平衡

了解了什么是实现人生理想极为重要的一步，只是成功的部分因素而已。你必须找到一份职业，它能够激励你并同时满足那些保健因素。如果事情有那么容易，那么我们每个人不是早就做到了？你必须在追求抱负、目标以及利用机会之间取得平衡。处理这部分的策略流程通常也是企业成败的差异所在。对于我们的职业生涯来说，也是如此。

在企业界，策略通常会随着时间发生改变。企业一开始会拥有一份计划好的策略，但意外的机会或是发生问题就可能把一切导向新的方向。例如，本田公司在 20 世纪 60 年代尝试进军美国的摩托车市场。它一开始的策略是销售重型摩托，和哈雷、凯旋正面对决，但功败垂成。直到一些休闲沙滩车骑士看到本田公司员工在玩一辆轻型摩托并问他们哪里可以买到时，本田公司才意识到这是个针对完全不同市场利基的机会。本田公司改变了它的策略，不再通过摩托经销商，而是成功地通过西尔斯百货邮购目录、电动工具商店和运动用品店来销售轻型摩托。

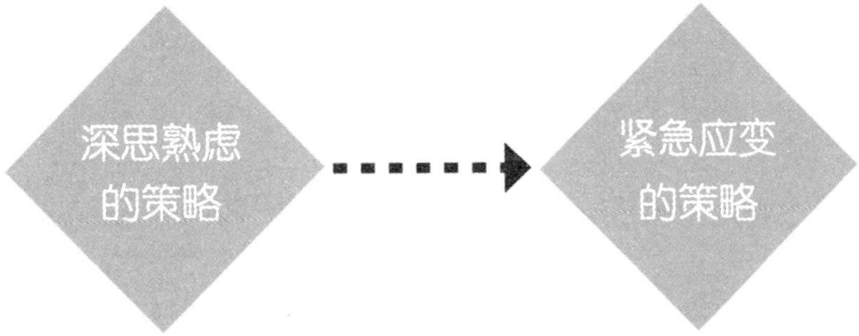

本田公司一开始采用的是深思熟虑的策略，要在重型摩托市场一决高下，最后却改用紧急应

变的策略，改卖轻型摩托而得到成功。策略在推进的过程中持续变化，紧急应变的策略往往到了最后都会变成深思熟虑的策略，这几乎是所有成功企业必经的历程。

同样的原理也适用于你的职业生涯。许多学生带着自己的学历和经过详细规划的职业生涯脱颖而出。如果你也是这样子，那么你的职业生涯规划就是你深思熟虑的人生策略。然而真实的情况是，会有意外的机会出现，有时让人难以抉择——是坚持自己原本的计划，还是要利用这些新的机会。不论是坚持自己深思熟虑的策略，还是转投紧急应变的策略，你都必须做出决定。

在我们的人生和职业生涯当中，不论我们是否有所察觉，我们都一直游走在我们深思熟虑的策略和不可预期的替代方案之间，并不得不做出选择。每一种方案都在争取我们的理智和情感，据理力争地要成为我们采纳的策略。二者本质上没有绝对的好或坏，你的选择应该取决于你目前在旅途中所处的位置。明白这点之后——即策略由两种截然不同的要素组成，最佳方案由你的处境决定——就会让你更有能力对职业生涯中不断出现的选择方案进行筛选。

根据一般的经验法则，唯有当你找到一份可以提供激励和保健因素的工作，针对职业生涯采取深思熟虑的策略才有意义。你如果还没达到这个阶段，那么就必须随机应变，随时准备好进行更多的尝试，了解什么才能够真正行得通。

在职业生涯中，你会开始发现你喜欢能让你发光发热的工作领域，你渴望一个能有更大的激励因素并满足保健因素的领域。但是这种事情不是待在象牙塔里思考就会突然出现的。策略几乎都是深思熟虑与意外机会的产物。重点是勇于去尝试一些事物，直到你了解自己的才能、兴趣以及可以在哪些方面取得成效等。当你清楚知道哪些事物对你真正有用，那就是从紧急应变策略转到深思熟虑策略的时机了。

机会来临时要保持开放的态度并不容易。一次可能会出现多个有趣的机会，让你无所适从；或是你很难弄清楚自己是否应该把资源投入某一方面，而非另一个选项。在处理这类有关取舍的决策时，一个很好用的方法是提问："这个方式可行的前提是什么？"

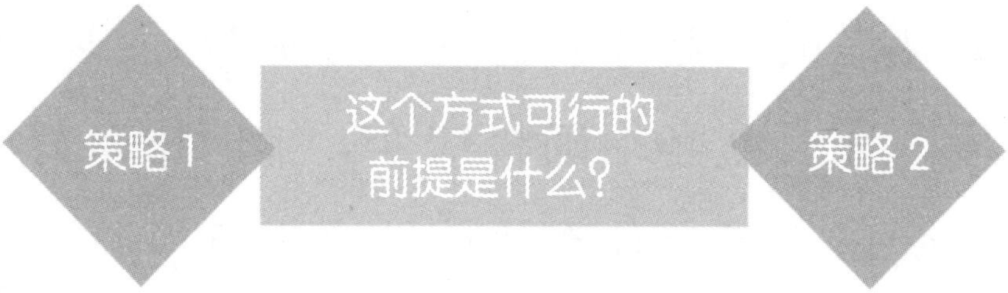

在你做出决定之前，先停下来厘清自己所考虑的每一项策略各自包括了哪些假设。有哪些前提必须加以满足，这项策略才能够如你所预期的那样产生成效？如果你能清楚地阐释这些至关重要的基本假设，甚至设法简便且快速地测试它们，那你就能避免让自己陷入一开始就注定要失败的状况。

关键思维

企业发展策略在一开始就弄对是困难的，它也不是成功的决定因素。只有持续试验，直到你真的找到一种有用的方式为止。极少数幸运的公司最终能靠创业时的策略获得成功。你要理解紧急应变和深思熟虑的策略概念。当你还在摸索自己的职业生涯时，对自己的人生方向应该保持开放态度。要根据自身的特定状况，准备迎接各种不同机会，并持续调整自己的策略，直到你找到能够同时满足保健因素又提供给你所有激励的事物。也唯有到那个时候，深思熟虑的策略才会变得有意义。当你做对的时候，你自然就会知道。

——克里斯坦森　奥沃斯　狄龙

要素3：分配资源实现目标

在职业生涯中寻找成功的第三个，也是最后一个要素就是资源分配。对策略而言，你如何配置自己的资源，几乎就说明了一切。你分配资源的方式体现了你更重视经过深思熟虑的策略还是紧急应变策略。换一种方式来说，策略在你还没有投入资源之前，都只能算是立意良好的企图罢了。

真正的策略——不管是在公司或我们的人生——体现在我们每天对于自身资源所做的数百个决定中。你日复一日过日子的时候，如何确定自己正朝着正确的方向前进呢？请注意自己的资源流向。如果它们不与你已经决定采用的策略相匹配，那么你就不要执行这项策略。

为了执行策略，进行资源分配的时候可能面临各种各样的挑战，通常包括：

（1）让短期事项凌驾于长期事项——投资于能够立即提供满足的行动上，而不是那些会带来持续性成功的事物。很多跨国企业通过各种类型的职务指派让他们的经理人进行轮调，以使他们获得更丰富的经验。这是非常棒的方式，但是对这些经理人而言，他们下一个获派的职务取决于他们在现行职务中所创造的成果。因此这些经理人不会投资那种要 5～10 年才能取得收益的计划，因为时间太长，他们等不了那么久。因此，这些大型企业只能努力挣扎着去实现一个个短期的突破。

（2）不协调的奖励措施——花钱请人完成某件事，但实际上你要他们做的完全是另一件事。以美国的社会保障制度、医疗体系和其他福利措施为例。每个人都知道，这些制度以它们目前的运作方式将无法长久维持下去。但是美国的众议院议员每两年就得重新改选，没有人愿意冒着失去连续当选的机会而制定明显需要却可能引发短期恐慌的解决方案。

（3）各种争抢同样资源的计划。最后这一项挑战特别适用于私人生活。就如同世界上的每个人，你有一定的时间、精力、才能和财富可以用来投资：

◎ 建立你的职业生涯。

◎ 抚养你的小孩，使之成为有责任心的成人。

◎ 和你的配偶或其他重要人士建立关系。

◎ 为社区或慈善团体及其他项目做一些贡献。

决定自己如何在这么多互相竞争的需求中保持平衡是毕生的工作。除非你经过审慎的选择来决定资源投入的对象，否则你的预设值就会自动生效。你必须随时面对如何分配资源的问题。

人们每天都在索取你的时间和精力。即便你专注在自己觉得重要的事物上，但做出正确的选择仍然是困难的。如果你有一丝一毫多余的精力，或是 30 分钟空当，就会有一大堆人催促你把它们用在这里而不是那里。有这么多的人和计划需要你的时间和关注，你会觉得自己好像无法掌握自己的命运。有时候这样是好的，有自己从来不曾预期的机会出现。但是这些机会也可能让你偏离方向。高成就的人会遇到的危险是，他们容易把自己的资源不自觉地分配给那些能够立即带来具体成果的行动。这种现象在他们的职业生涯中经常发生，因为它提供了最实在的证据证明他们有所发展。他们送交了一项产品、完成了一个设计、帮助了一位病人、成交了一笔生意、教导了一个班级、赢得一场较量、发表一篇论文、得到报酬、获得升迁。他们离开学校，发现自己很轻易地就把他们珍贵的精力用来打造职业生涯。事实上，你分配自己资源的方式，不是让你的人生成为你确实想要的样子，就是和你期待的相差甚远。

那些能够很快见成效的事物很容易取得优先地位，例如获得升迁或是红利。但代价则是那些需要长期努力的计划，例如经营稳健的婚姻和养育很棒的小孩等。更糟糕的是，取得一定成果之后，人们通常会陷入一种循环，也就是为了维持生活方式而耗尽所有的金钱。这是一件严肃的事情，在很多成功人士的人生中都可以观察到这种状况——他们做出许多小决定，造成资源分配不当。

一项策略，不管是在公司或我们的人生，是通过我们每天对于自己的时间、精力及金钱如何运用所做的数百个决定形成的。对于你时间的每一刻，如何使用精力和金钱所做的每一个决定，都在表明哪些事物对你来说是重要的。对于你的人生想要拥有的清楚目标和策略，你想怎么说都可以；但是如果你没有以某种方式配合你的策略把资源投入，那么这一切最终还是一场空。你如何确定自己正在执行真正想执行的策略？请留意资源的流向，即资源分配的过程。如果它们并不支持你已经决定采用的策略，你就有产生严重问题的风险。如果你的家人对你来说是最重要的，那么想想你在一个星期中所做的时间安排，你的家人是否摆在最重要的地位呢？一旦你决定投资自己的血汗和泪水的地方与你渴望变成的那个人不一致，你就永远不可能成为那个人。

关键思维

要了解一家企业的策略，就看他们确实做了什么，而不是听他们说自己将要做什么。

——安迪·格罗夫，英特尔前CEO

真正让人满足的唯一方法是去做你相信的伟大工作，做伟大工作的唯一方式是热爱你所从事的工作。如果你还没找到，就继续去找，不要安于现状。

——史蒂夫·乔布斯

二　在各种关系中找到幸福

不管你的工作有多迷人，你的人生还是比职业生涯更加丰富。你也想成为一个很棒的人，养育出色的小孩，并结交一些很棒的朋友。要拥有真正重要的事物，就要善用一套包含 5 个环节的策略，建立、维持强健且活跃的个人关系：

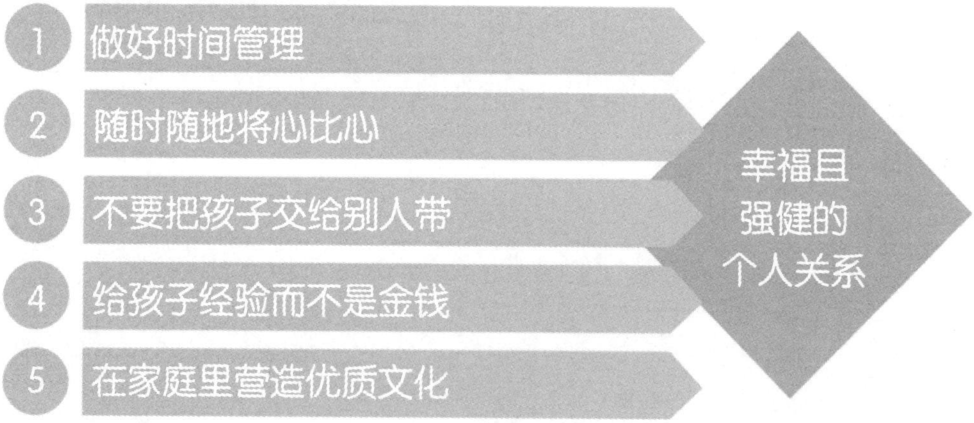

环节 1：做好时间管理

你和家人以及亲密朋友间的关系，将会是你人生中最重要的幸福来源。但是你必须小心。当家里的一切似乎都运作良好的时候，你就容易被蒙蔽，以为可以把对这些关系的投资暂时搁置在一旁。这将是一个巨大的错误。当这些关系出现严重问题的时候，想要修补它们通常都已经太迟了。

研究显示，有93％的企业最终获得成功是因为放弃了原本的策略，改而采用某种有效的策略。在制胜策略尚未形成之前，投资人对于成长必须要有耐性，对于利润则必须迫切要求，这样公司才不会因为执行错误的策略而用光现金。企业发现制胜策略之后，经营模式会经历规模化及复制的过程，这时投资人应该迫切要求成长，并耐心等待获利。这就是好资金和坏资金的差异。

在你的私人生活中，也非常容易偏向坏资金运用的方式，例如把你的时间和精力用在应付工作上的需要，而牺牲和家人相处或从事其他个人兴趣活动的优质时段。后者做起来更容易，因为工作有挑战性，又可能正合你的口味，而和家人建立健全的关系，则是麻烦且不确定的。

另一种陷阱是人们有时候会试着排列自己人生的投资顺序。他们可能会想：“我在接下来的一两年间努力工作，建立自己的职业生涯。孩子还小不会注意到，将来我会有更多高品质的时间和他们相处。”问题在于当你想放慢对职业生涯追求的脚步时，你会发现自己已经无法有效参与小孩的生活。对于小孩的投资，必须在他们还够小，还处于选择阶段的时候，在你要让他们具备应付人生挑战所需的工具，而不要等到这种需要变得更迫切的时候。

事情很简单，对于家人和朋友必须长时间投资，长到你可能看不到任何结果。即使你面对迫切的职业生涯需求，你还是必须把他们放在更优先的位置。如果你不这样做，最后的结果可能就是你拥有很棒的职业生涯，却没有人可以分享。

如果你延迟投入自己的时间和精力，直到发觉自己必须这么做的时候，很可能已经太迟了。

让这些关系在自己的人生中开花结果的唯一方式就是在你需要它们之前就开始投资。

我真的相信和家人及亲密朋友的关系是人生中最棒的幸福来源之一。如同任何一种重要的投资，这些关系需要持续的注意和关心。但是有两种力量会持续妨碍你做这种努力。首先你会经常受到诱惑，把资源投资在别的地方——那些会让你获得即刻收益的事物上。其次，你的家人和朋友很少为了引起你的注意而大声叫喊。他们爱你，也想支持你的职业生涯。这种状况容易使你忽略自己在世界上最关心的人。好资金和坏资金的使用方式说明，建立一段充实关系的时机是从头就开始的。如果你不呵护并发展这些关系，当你发现自己处于跨越更有挑战性的人生阶段时，你的家人和朋友并不会在身旁支持你，或成为你人生中最重要的幸福来源之一。

环节 2：随时随地将心比心

市场上很多商品的失败是因为那些公司尝试

把他们想卖的东西“推”出去。相较之下，那些最成功的商品，则是得到真正需要这些商品的顾客的“拉”引。对于顾客的需求具有同理心，就可能得到完全不同的结果。

当一家公司了解人们生活中有某些问题需要解决时，便着手开发产品，提供购买及使用的产品，并提供必要体验，这些问题就可以完美地解决。这样，当产品出现时，顾客就会本能地把这个产品“拉”进自己的生活。相反，如果某家公司只是单纯地生产其他公司也有能力制造的产品——它可以解决一大堆问题，但没有一件称得上好——顾客就几乎没有忠诚度，只要另一个产品在特价促销，他们一瞬间就会变心。

顾客购买你的产品是因为有一个问题必须解决。他们在买它的时候，心里是有目的的。要在市场上胜出的方法就是让你的产品比其他产品做得更好。

在个人关系中也一样。你如果能够了解自己

想要达成的目标，如找到一位配偶，你拥有一段快乐婚姻的机会可能就会更高。当你有了小孩之后，你和你的配偶就会各自担任完全不同的角色。如果你能够了解自己配偶真正想达成的目标——相较于你认为他或她应该达成的目标——那么你就有很好的机会可以让关系更加密切。

希望自己所爱的人快乐是自然的事，困难的是，人们往往很难了解自己在其中要扮演什么角色。用待办事项的角度思考你的关系是最佳的方式。对你最在乎的人来说，有哪些事情至关重要。问自己“哪些事是我的配偶最需要我去做的”。这样做你可以用正确的分析方法进行思考，比起单纯猜测哪些是该做的事情，会得到更加清楚的答案。你不仅要了解自己的配偶需要你做什么，你还必须做到。你要奉献自己的时间和精力，压制自己的优先事项和欲望，专注于从事那些能够让对方快乐的事情。我们也应该给我们的小孩和配偶同样的机会，让他们为了别人奉献自己。

关键思维

如果从待办事项的角度研究婚姻，会发现那些对彼此最忠诚的夫妻，正是那些了解自己必须为伴侣完成哪些事情的人——而且他们会把那些事情做得可靠又妥当。

听起来也许有悖常理，通往幸福关系的路径并不是找到一个你以为能让自己快乐的人；成功的关键是找到一个你想让他快乐的人。如果你愿意牺牲自己让另外一个人快乐，那么就会有很棒的事情发生。

如果你努力了解自己的工作和个人生活是为了什么，回报就会非常高。

——克里斯坦森　奥沃斯　狄龙

环节3：不要把孩子交给别人带

在20世纪90年代初，戴尔公司是世界上最成功的个人电脑制造商。它利用零件供应商华硕为它组装机器。一开始华硕为戴尔制造电路板，接着转而制造戴尔的主机。不久之后，华硕开始组装戴尔的电脑。2005 年，华硕用它从戴尔学到的一切，宣布开始销售自己品牌的电脑。

戴尔公司犯了经典的商业错误，它未能了解自己的核心能力并加以保护。能力是由公司的资源、流程和优先事项所构成的。它们是变动的，并且需经年累月来建立。在企业界，普遍的逻辑是，你永远不能把自己的未来外包出去，因为这样会有创造竞争者的风险。你必须辨别哪些能力能够让你在未来成功，然后在你外包其他一切的时候，将这部分保留于企业内部。

养育小孩也是如此。有太多用心良苦的父母尝试提供给小孩自己小时候所没有的一切。但是比起那样做，你更应该为孩子制造出一些挑战，协助他们发展未来要胜出的必要能力。不要让你的孩子参加一大堆付费的活动。帮助孩子领先的更好方式是让他们有机会承担责任，为自己解决复杂的问题。事实上建立他们的自尊，远比用一大堆资源淹没孩子更加重要。

不要把养育孩子的工作外包给别人，甚至是那些拥有宝贵、实用经验的业者。要让你的孩子变成了不起的人，唯一的方法就是亲自抚养。为孩子设定一些挑战，让他们发展出未来人生中需要的竞争力。丢一些问题给他们处理，并在他们解决问题的时候陪在他们身旁。

关键思维

你可以和你的邻居及朋友比较自己的小孩参加了多少活动，正在学哪些乐器以及从事了哪些运动。这些项目都很容易评估，也会让你感觉良好。但是太多这类爱的表现，事实上可能对小孩造成危害。小孩必须做更多事，而非学习新的技巧。他们必须受到挑战，解决难题，发展出价值观。当你发现自己给小孩更多的经验却无法让他们有更深入体验的机会，你就没有给他们未来要成功所必须学会的那些流程。

——克里斯坦森　奥沃斯　狄龙

环节 4：给孩子经验而不是金钱

让你的小孩面对挑战具有一个重要的目的：它们会帮助他们磨炼并发展他们在整个人生中想要成功所需的能力。应付一个难缠的老师，在某项运动中失败，或学习在学校结构复杂的各种小团体中悠游——这所有的一切都可以成为学校的“课程”。我们知道，在工作上遭遇失败的人通常不是因为他们天生就不具备成功的能力，而是因为他们本身的经验无法让他们做好准备去应付挑战，换句话说，他们过去上的是错误的“课程”。许多父母完全专注于建立小孩的履历：优秀的成绩、杰出的运动表现等。然而，如果你不让孩子去经历那些可以让他们为未来作准备的课程，你就错了。当你想通这个道理，就可以利用那些正确的经验，协助他们建立成功所必需的技能。这是你能够给他们的最棒礼物之一。

企业界充满了拥有良好条件——令人印象深刻的履历、来自良好学校的证书等的人士。然而，大家都知道，在真实人生中面对挫折和高压环境的经验远比一份丰富的履历更有价值。如果你想找人完成一项重要工作，最好找有真实人生经验可以借鉴，甚至有失败教训的人。

把这堂课转化到为人父母，就是不要再执着地把小孩送到所谓良好的学校，而应专注于创造一些机会，让你的孩子可以尽早经历一些真实世界的重要课程。可以事先决定哪些是你的小孩成功所需要的，还有哪些特定的挑战是他们必须现在就要面对的。尽一切努力鼓励他们拓展并设定崇高的目标，但是这时候自己一定要待在他们身边，帮助他们了解设定了崇高目标也并不总是能够达成。失败的时候要让自己重新振作起来，拍掉尘土再重新尝试。事实上你应该找到方法向你的孩子说明，如果他们没有偶尔遭遇失败，那就表示他们的目标设得不够高。

这样的操作对父母来说是特别困难的。为人父母的天生本能就是介入并帮助自己的孩子，但如果你总是这么做的话，你的孩子就无法发展出应付未来人生挑战所需的韧性和自尊。努力安排一些课程，教育你的孩子如何克服人生困境。不可否认，这样做并不保证他们能够学会你想让他们学会的东西，但是它值得一再尝试，直到正确做到为止。

关键思维

父母的本能就是太容易在孩子遇到困难的时刻伸出援手。如果我们的孩子没有面对困难的挑战，或是在路途上偶尔遭遇失败，他们就无法建立自己在整个人生中所需要的韧性。人们在经过数年不间断的成功后才碰到自己职业生涯中第一个重大挫折时，通常会一蹶不振。

——克里斯坦森　奥沃斯　狄龙

环节5：在家庭里营造优质文化

很多企业拥有强势的文化，它塑造并影响着

人们所做的一切。这些文化随着时间而变化，并通过人们一起努力解决问题与找出可行方法而发展。从实际角度而言，文化是一种确保正确结果得以产生的方法。当一家企业的文化强势并且活力十足的时候，人们就会做出一致的决定和选择。

如果你是聪明的，你也会在自己家中建立健全的文化。你要有一套明确的行为准则规范你家人在任何场合的行为方式。你的家庭文化应该主宰每一个人的信念，彼此之间的相处，以及作为一个家庭处理事情的方式。一种好的家庭文化还应该包括如何设定先后顺序解决问题，以及一起共同努力完成大家真正在乎的事。

不要有任何误解：不管你要不要，文化都一定会产生。问题在于你想花多大力气改变它。文化的形成不是立竿见影；它不是那种你做出决定，再进行沟通，然后就期待它能立即自行运作的。你必须确定当你让孩子做某一件事，或是告诉配偶你准备要做某件事的时候，你会坚持执行并贯彻到底。有些事听起来很容易，人们大多会试着保持一致性。但是由于每天的生活压力，这样做会变得很困难。很多时候，父母坚守这些规则比小孩还难。虽然立意良好，但是有许多筋疲力尽的父母还是发现要坚持自己早先设下的规矩实在是太困难了。于是在不经意间，他们就容许懒惰悄悄潜入他们的家庭。

所有父母都希望培养出能够做出正确决定的孩子，即使他们没有在旁边监督。实现这个目标最有效的方法之一就是营造正确的家庭文化。这会是规范家庭成员行为非正式但最有力的一套准则。当人们一起不断解决困难，标准就会出现。在家庭里也是一样：第一次碰上难题或需要大家一起合力完成某件事时，你就得找出解决方法。这不只是为了控制不好的行为，也是为了庆祝好的行为。你的家庭重视什么？孩子们知道他们必须做什么可以得到父母的称赞？这就是文化的力量所在。它就像自动导航系统，但你必须正确设置——你必须在家庭中塑造你想要的文化。如果你没有认真地塑造它，从很早的阶段开始强化它，它还是会形成一个文化——但它可能不是依照你希望的方式形成。容许孩子几次懒惰或不恭的行为，便会开始让它变成你的家庭文化。

关键思维

文化就是一种一起朝着共同目标努力的方式，因为经过如此频繁及成功的应用，人们从来都不会想到要尝试别的方法。如果一种文化形成了，人们就会自觉去做那些他们必须要做的事。

——艾德佳·沙因

三　活出正直的人生

尽管目前知名企业人士锒铛入狱的案例高于以往，然而过一种正直的人生事实上并不困难——它确实是非常简单的。对此你只需要掌握一种理论：

近几年来已经出现许多例子，很多受到同事和伙伴极为推崇的人士，因为犯下了这种错误而不再受宠。内线交易的丑闻几乎也震撼了不同时代的华尔街巨人。缔造纪录的运动员被抓到滥用类固醇，或是表现出不光彩的个人行为，有时还因此断送自己整个职业生涯。有些奥运冠军被剥夺头衔，没收奖牌。主要报纸的记者，在高度的期许和截稿的压力下为取得精彩故事，在文章中无耻地虚构情节。所有这些人在开始他们的职业生涯时，当然对自己做的事都具有纯真的热情。没有一位刚刚崛起的年轻运动员能够想象自己必须设法欺骗他人才可以保持巅峰的状态。运动员相信的是，只要自己够努力，就可以取得成功。但是他们后来就会碰到这样的一次机会，可以运用某些东西来帮助自己取得优势。

100％的时间都坚持自己的原则，比只坚持98％的时间还容易。界限——你个人的道德防线——有它的威力，因为你不会跨越它；如果你用只做一次来让它正当化，那么就没有任何事情能阻止你再做一次。决定自己所坚持的立场，然后永远坚定地守护它。在人生中唯一能避免道德退让造成难堪后果的方法，就是从一开始就不要这么做。当歧途的第一步出现时，一定要立刻转身走另一条路。

要避免牢狱之灾，并建立那种能够让自己骄傲的人生，你就必须：

（1）决定自己想要成为哪一种人，把你个人觉得重要的层面全部考虑在内。

（2）做出深刻且长久的承诺，每天都采取那种能够实现理想而不是偏离理想的行为。设定妥善的顺序，依据它们来采取行动。

（3）认清可以用来衡量人生的真正指标。它不是你能获得的头衔、你收到的奖励、你的个人银行账户额度，或是其他类似的事物。你的快乐和真正的价值衡量标准，应该是你帮助过，一个接着一个，变得更好的人。如果你在个人能力范围内利用每一次机会帮助别人，并且根据他们的个人状况调整协助的方式，那么你就会对自己达到的成果感到满意。

关键思维

如果你需要一部机器却不买下它，那么到头来，你会发现自己为它花了钱，却不能拥有它。

——亨利·福特，福特汽车公司创办人

到地狱最安全的途径是渐进的——坡度和缓、脚下松软、没有突然的转弯、没有里程碑，也没有任何路标。

——C. S. 刘易斯，英国作家

我们希望你活出正直的人生。但最重要的是，我们希望到了最后，我们都可以被最有意义的指标评定为成功。你拿什么来衡量自己的人生呢？

——克里斯坦森　奥沃斯　狄龙